上海大学出版社

2005年上海大学博士学位论文 65

U0358878

熔盐相图智能数据库研究及其应用

- 作 者：包新华
- 专 业：材料学
- 导 师：夏义本

图书在版编目(CIP)数据

2005 年上海大学博士学位论文. 第 1 辑/博士论文编辑
部编. —上海：上海大学出版社,2009.1
　ISBN　978 - 7 - 81118 - 366 - 5

　Ⅰ.2…　Ⅱ.博…　Ⅲ.博士—学位论文—汇编—上海市—
2005　Ⅳ.G643.8

中国版本图书馆 CIP 数据核字(2008)第 180879 号

2005 年上海大学博士学位论文
———— 第1辑

上海大学出版社出版发行
(上海市上大路 99 号　邮政编码 200444)
(http://www. shangdapress. com　发行热线 66135110)
出版人：姚铁军

*

南京展望文化发展有限公司排版
上海华业装潢印刷厂印刷　　各地新华书店经销
开本 890×1240　1/32　印张 368.25　字数 10260 千
2009 年 1 月第 1 版　2009 年 1 月第 1 次印刷
印数：1～400
ISBN 978 - 7 - 81118 - 366 - 5/G・487　定价：1300.00 元(65 册)

Shanghai University Doctoral Dissertation (2005)

Study and Application of Intelligent Database of Phase Diagram of Molten Salt Systems

Candidate: Bao Xinhua

Major: Material Science

Supervisor: Xia Yiben

Shanghai University Press

• **Shanghai** •

上 海 大 学

　　本论文经答辩委员会全体委员审查,确认符合上海大学博士学位论文质量要求。

答辩委员会名单:

主任:	陈念贻	教授,上海交通大学	200030
委员:	吴庆生	教授,同济大学化学系	200092
	冯楚德	研究员,中科院硅酸所	200050
	朱自强	教授,华东师范大学	200062
	陆文聪	教授,上海大学	200444
导师:	夏义本	教授,上海大学	200072

评阅人名单：

陈念贻　教授，上海交通大学　　　　　　　　200030

吴庆生　教授，同济大学化学系　　　　　　　200092

李通化　教授，同济大学化学系　　　　　　　200092

评议人名单：

侯立松　研究员，中科院光机所　　　　　　　201800

戴　宁　研究员，中科院技物所　　　　　　　200083

桑文斌　教授，上海大学　　　　　　　　　　200444

陈孔常　教授，华东理工大学　　　　　　　　200237

冯楚德　研究员，中科院硅酸所　　　　　　　200050

朱自强　教授，华东师范大学　　　　　　　　200062

陆文聪　教授，上海大学　　　　　　　　　　200444

答辩委员会对论文的评语

熔盐相图数据库的研究及其应用是材料设计和材料制备的重要根据,对促进材料科学技术的发展有重要的科学意义和应用价值。

论文工作首次建立包括数千个熔盐相图的智能数据库,探索了原子参数-支持向量机方法评估相图的新方法。运用智能数据库预报 $CsBr-CaBr_2$ 等相图,实验验证了智能数据库预报的正确性,发现了三个中间化合物:$CsCaBr_3$、Cs_2CaBr_4、$Cs_3Ca_2Br_7$;同时证实 $CsCaBr_3$ 为钙钛矿结构。建立了碱金属-稀土钼酸盐和钨酸盐的晶型及形成连续固溶体的判据;提出了钙钛矿及类钙钛矿结构物相的若干形成规律;建立了氧化铟薄膜厚度预测的数学模型。

该论文文献综述全面,实验数据可靠,综合了多种计算方法的优势,具有创新性。作者基础扎实,知识面宽厚,具有独立从事科研工作的能力。论文撰写规范,层次清楚,是一篇优秀的博士论文。经答辩委员会投票,一致通过博士论文答辩,建议授予工学博士学位。

答辩委员会表决结果

经答辩委员会表决,全票同意通过包新华同学的博士学位论文答辩,建议授予工学博士学位。

答辩委员会主任:陈念贻

2005 年 6 月 23 日

摘　要

　　本文报道用 VB 语言编程基本建成的熔盐相图智能数据库，该数据库收集了三千多个熔盐系的二元、三元和多元相图的图文资料。数据库能方便地搜索和浏览相图及相关资料，实现相图数字化、相图数据获取自动化、原子参数的读取自动化，并实现相图按价态、元素族、图形、元素等进行分类检索，能进行数据挖掘、建模和相图智能预报。

　　本论文将结合了原子参数-数据挖掘技术和支持向量机方法的熔盐相图智能数据库技术用于若干熔盐系相图的评估和预报：

　　(1) 根据对 $MeBr - Me'Br_2$ 类相图建模、预报的结果，应用 DTA 和 XRD 方法对有疑问的相图 $CaBr_2 - CsBr$ 进行重测，测得 $CsBr - CaBr_2$ 系相图，发现该体系不是简单共晶型相图，确有中间化合物生成，验证了计算预报的结果。根据测得的相图发现，该体系有一个 $CsBr : CaBr_2 = 1 : 1$ 的稳定化合物，还有 $CsBr : CaBr_2 = 2 : 1$ 和 $3 : 2$ 的异分熔化的化合物。对 X 射线衍射图谱指标化表明，$CsCaBr_3$ 化合物是略畸变的钙钛矿结构，晶胞常数 $a_0 = 5.78 Å$，$c_0 = 5.72 Å$。

　　(2) 运用熔盐相图智能数据库技术，研究了白钨矿型钼酸盐、钨酸盐和含稀土钼酸盐、钨酸盐形成异价固溶体的条件，建立了碱金属-稀土钼酸盐和钨酸盐的晶型以及这些化合物与稀土钼酸盐或钨酸盐形成连续固溶体的判据，并求得这类化合物的晶胞参数的计算式;计算表明:各组分元素的离子半径和电负性是影响固溶体形成、晶型和晶胞参数的主要因素。根据本文所得经验式估计 $TlPr(MoO_4)_2 - Pr_2(MoO_4)_3$ 系固溶体情况与实测结果一致。

（3）运用熔盐相图智能数据库技术,研究了:① 钙钛矿结构的复卤化物的若干规律性。结合钙钛矿结构几何模型的论证,探索卤化物系中钙钛矿结构形成和晶格畸变的原子参数判据。计算表明,用 Goldschmidt 提出的容许因子 t 与组分元素的离子半径、电负性以及表征配位场影响的原子参数共同张成多维空间,可在其中求得判别钙钛矿结构形成和晶格畸变的有效判据,并能估算立方结构的钙钛矿型化合物的晶格常数。② 含钙钛矿结构层的夹层化合物的规律。在分析晶格能和已知相图数据的基础上,提出能解释和预测 K_2NiF_4 型的复氧化物、复卤化物的结晶化学模型。认为这类夹层化合物形成的推动力主要源于高价阳离子间距离拉长导致的静电势能下降;这类化合物形成的阻力主要来自因夹层间晶格匹配所产生的内应力。据此提出表征夹层化合物形成条件和晶胞参数的半经验判据和方程式,用以估计 $CsBr - PbBr_2$ 等盐系的化合物形成情况,与实验结果相符合。③ 钾冰晶石型化合物的结晶化学规律。建立了钾冰晶石结构形成条件和晶胞常数计算的数学模型。认为除容许因子 t 外,阴阳离子半径比和电负性差也是决定钾冰晶石结构形成的必要条件。④ 钙钛矿结构的合金中间相的若干规律。对于具有钙钛矿结构的含碳、氮或硼的金属间化合物,认为其形成条件不能简单地用 Goldschmidt 提出的容许因子公式判别。但若用 A、B 原子的金属半径、电负性和次内

层 d 电子数为参数,用模式识别方法可以求得合金系形成钙钛
矿型中间相的判据。也可求出计算钙钛矿型中间相的晶胞参
数的经验式。

(4) 运用熔盐相图智能数据库技术,研究了同阴离子体系
形成连续固溶体的条件,求得 Na_2SO_4(Ⅰ)型结构形成的判别
式和这类化合物晶胞参数的计算式。发现几何因素(阴阳离子
半径以及阴阳离子半径的各种函数)是影响 Na_2SO_4(Ⅰ)型结
构化合物连续固溶体、晶型的形成和晶胞参数的重要因素。还
研究了 CO_3^{2-}、CrO_4^{2-}、SO_4^{2-}、WO_4^{2-}、MoO_4^{2-} 碱金属熔盐系形
成固溶体的判别规律和这类相图中连续固溶体液相线极小点
温度的定量预报。各种算法(SVC、ANN、KNN、Fisher 法等)建
模结果比较,SVC 留一法预报正确率较高,模型稳定性好。

(5) 运用原子参数-支持向量机算法研究半导体纳米氧化
铟薄膜制备中厚度的控制和优化,建立了氧化铟薄膜厚度优化
的定量数学模型。

上述研究结果表明:结合了原子参数-数据挖掘技术和支
持向量机方法的熔盐相图智能数据库技术能够评估若干熔盐
相图体系;总结若干熔盐体系形成固溶体的规律和钙钛矿及类
钙钛矿结构物相的若干规律性。因此,熔盐相图智能数据库有
望成为熔盐化学研究和相关新材料开发的有用工具。

关键词 熔盐相图,智能数据库,数据挖掘,支持向量机,CsBr,
白钨矿,钙钛矿,Na_2SO_4(Ⅰ)型结构

Abstract

An intelligent data base of phase diagram of molten salt systems, IMSPDB, has been built in our laboratory, in which the data files and figures of more than 3,000 systems have been stored for retrieval. IMSPDB can be used to search and browse the phase diagrams of molten salt systems and related data conveniently, to achieve digital phase diagrams, to get automatically data from phase diagrams and atomic parameters from the data base, to search phase diagrams according to valence, element, figure and a group of elements, and to carry out data mining and predict phase diagram intelligently.

In this work, the intelligent database of phase diagrams of molten salt systems has been employed for the assessment and prediction of the phase diagrams of some molten salt systems.

(1) Since the published phase diagram of $CsBr - CaBr_2$ system from literature is in contradiction with the mathematical model obtained by SVM-atomic parameter method based on phase diagrams of $MeBr-Me'Br_2$ type systems, we decided to make re-determination of the phase diagram of $CsBr-CaBr_2$ system. The phase diagram of $CsBr-CaBr_2$ system has been determined by using differential

thermal analysis and high temperature or room temperature X-ray diffraction analysis. It has been concluded that there are three intermediate compounds in this system: A congruently melting compound, $CsCaBr_3$, having melting point at $823°C$; and two incongruently melting compounds, Cs_2CaBr_4 and $Cs_3Ca_2Br_7$ having peritectic points at $597°C$ and $635°C$ respectively. The X-ray diffraction analysis indicates that compound $CsCaBr_3$ is of slightly distorted perovskite structure.

（2）The regularities of the solid solutions between the scheelite-type compounds and rare earth molybdates or tungstates have been investigated by the intelligent database of phase diagrams of molten salt systems. The crystal structure of scheelite-type compounds having $M^I M'^{III} (XO_4)_2$ $(X = Mo, W)$ as common formula and the formability of the continuous solid solution between these compounds and rare earth molybdates or tungstates have also been investigated. Besides, the cell constants of these compounds can be calculated by some semi-empirical equations. Based on the obtained relationships, the results of computerized prediction of the solid solubility of $TlPr(MoO_4)_2 - Pr_2(MoO_4)_3$ system has good agreement with experimental results.

（3）Using the intelligent database of phase diagrams of molten salt systems, some regularities of complex halides with perovskite structure, perovskite-like compounds with layer structures, the crystal regularities of elpasolite-type compounds and ternary alloy phases with perovskite structure have been found.

1）Using atomic parameter-pattern recognition method and the geometric model of perovskite structure，some criteria for the formation and lattice distortion of perovskite-type complex halides have been obtained. It has been found that a hyperspace spanned by Goldschmidt's tolerance factor t，the ionic radii，electronegativity and a parameter describing the influence of ligand fields can be used for finding the effective criteria for the formation and lattice distortion of perovskite structure for complex halides，and an empirical equation for the estimation of the cell constants for these compounds.

2）A crystal-chemical model for the formability and lattice constant prediction of the perovskite-like complex oxides or halides with layered structure has been proposed. The basic idea of this model is that the driving force of layered structure formation is the decrease of electrostatic repulsion between highly charged cations due to the larger interionic distance in the layered structure，and the resistance of the formation of layered structure is the internal strain due to the misfit effect between different layers. Some criteria and empirical equations have been derived based on this crystal chemical model. The compound formation in the recently determined $CsBr - PbBr_2$ system is in agreement with our prediction with the criterion derived from above-mentioned model.

3）Atomic parameter-pattern recognition method has

been used to find the criterion of formation of elpasolite structure and the empirical equation for the prediction of the cell constants of elpasolite-type compounds. It has been found that ionic radius ratio and electronegativity of constituent elements, together with tolerance factor t, are both the influential factors for the formation and cell constant of elpasolite-type compounds.

4) Many carbon, nitrogen or boron-containing ternary alloy phases also exhibit perovskite structure, but Goldschmidt's tolerance t cannot be used for the criterion of their formability. However, if we use the atomic radii, electronegativity and the number of d electrons in next outermost shell of the constituent atoms as features, then the formation and cell constants of these alloy phases can be predicted by atomic parameter-pattern recognition method.

(4) The regularity of formation of continuous solid solutions from common anion systems of Na_2SO_4 (I)- type structure has been investigated by using IMSPDB. And the criteria of formation of Na_2SO_4 (I)- type structure has been obtained. Besides, the cell constants of these compounds can be calculated by some semi-empirical equations. The results indicated that the geometrical factors (ionic radii and their functions) of Na_2SO_4 (I)- type compounds had significant influence upon the formation of continuous solid solutions, the formability of the crystal types and the cell constants of these compounds. The results of leave-one-out crossvalidation have proved that support vector machine is better than other

algorithms for the research of the regularities of Na_2SO_4 (I)-type compounds. The regularities of the solid solution from binary phase diagrams among molten alkali salts which have A_2BO_x ($BO_x = CO_3$, CrO_4, SO_4, WO_4 or MoO_4) common formula have also been investigated by using IMSPDB. Besides, the temperature of the minimum point of the liquidus curves of the phase diagram with continuous solid solutions mentioned above can be also estimated by some semi-empirical equations.

（5）The optimal models for predicting the thickness of In_2O_3 thin films have been found by using atomic parameter-support vector regression (SVR) algorithm.

The results mentioned above indicate that the intelligent database of phase diagrams of molten salt systems can be used to assess some phase diagrams of molten salt systems, to investigate the regularities of formation of solid solutions of some molten salt systems and the intermediate phases of perovskite and perovskite-like structures. It is clear that IMSPDB is a promising tool in molten salt chemistry research and related new materials exploration.

Key words intelligent database, molten salts, phase diagrams, data mining, support vector machine

目　　录

第一章 综 述

1.1 相图计算的意义[1-15]

相图是对体系相平衡信息进行图示的总称,它描述的是一个体系在处于相平衡时在给定状态条件下其他热力学性质的变化轨迹,是材料研制,特别是材料设计的重要理论依据。相图研究可分为相图测定、相图计算和相图理论等。

相图研究已有百多年的历史。19世纪70年代,Gibbs首先提出物相、组元(独立组分)和自由度等概念,并根据热力学理论推导出相律。关于相平衡与相图最初的大量工作,是研究其在冶金工业中的铁-碳等合金体系、与冶金炉渣有关的氧化物体系;无机材料研制中的硅酸盐体系;以及和开发德国Stassfurt盐矿、前苏联的Kapa - Богаз角及Соликамск钾矿等密切相关的水盐体系等方面的应用。还有与有机化学工业,特别是石油工业有关的有机物体系。在以后半个多世纪的发展中,相图研究随着生产技术的发展而不断深入并扩展其领域。如随着半导体材料的广泛应用,研究了许多Ⅲ-Ⅴ族、Ⅱ-Ⅵ族元素构成的体系;开发稀土元素资源的需要,促进了对各类含稀土的熔盐、合金、水盐体系的研究,20世纪80年代高温超导材料的发现,又激起了人们对有关氧化物体系的兴趣。近二三十年来高新技术迅猛发展,更为迫切要求开发研制作为其物质基础的各种新型材料,如耐高温、高强度的新的结构材料以及各种功能材料等,从而进一步开拓了相图研究的新领域。如新型陶瓷材料(除传统的氧化物外,还包括各种氮化物、碳化物、硅化物等)、多组元含稀有金属的合金,以及贮氢材料、光敏材料、光电转换材料、压电材料、固体电解质等等,都

1

成为相图研究的重要研究对象。

相图并由它指出的相结构和相界对于寻找高性能材料具有重大意义。通过对体系相图的研究,不仅可以发现新相,从而促进新材料的开发,而且可以指导新生产方法的设计,为进一步提高生产效率和改进生产方法提供信息。有人说,"相图是材料研究的拐棍"。确实如此,相图是一个具有丰富内容的信息库。只要我们在实际工作中自觉地利用相图,研究工作就会少走弯路,取得成效。

从相图研究涉及的体系组分数来看,有二元系、三元系、四元系以及多元系;从体系物种来看,有合金系、氧化物系、卤化物系以及熔盐系、水溶液系和有机化合物系等。其中合金系、氧化物系、熔盐系相图对冶金和无机材料科学有重要的指导意义。近百年来,合金系、氧化物系和熔盐系相图已做了大量实验测量工作,出版了合金系、氧化物系以及熔盐系相图的手册并建立了数据库,但仍不能满足各种实际需要。以熔盐系相图为例,已知的金属离子有 62 种(不考虑离子的变价),常见的酸根有 9 种(F^-、Cl^-、Br^-、I^-、SO_4^{2-}、NO_3^-、PO_4^{3-}、CO_3^{2-}、BO_3^{3-} 等),仅考查二元体系,同阳离子系相图应有 2 232 个,同阴离子系相图应有 17 019 个,互易系相图应有 68 076 个。三元相图的数目就更多了。而目前,我们收集到的熔盐系(主要是二元和三元系)相图总共约 3 600 个体系,其中两个手册(Справочник по Плавкости Систем из Безводных Неоргнических Солеи Изд 包括了 1961 年前的熔盐相图体系,Диаграммы Плавкости Солейвых Систем 包括了 1961 年到 1979 年的熔盐相图体系)共有 2 700 个体系,通过 CA 查阅到 1979 年以来的新体系有 900 个。上述所有体系中仅 1 500 个有相图,其他体系只有文字资料(大部分文献是俄文)。

鉴于相图对材料设计极为重要,目前已知的相图数据尚不能满足实际需求,相图的计算机预报遂成为热门学科,这门称为 Calphad (Calculation of phase diagram)的学科致力于根据已知的二元相图用热力学方法预测三元相图。目前 Calphad 研究的主流是基于热力学定律,根据体系初始条件,利用最小自由能和等化学势约束等确定体系在指定温度、压强下的平衡状态。这里面临的主要困难是大量待定参数及热力学近似模型的局限性。尽管如此，目前 Calphad 已成为材料科学中相图研究领域的一个重要分支。Calphad 使人们能够从组分的热力学资料，通过计算预测相图，绕过某些实验的困难；从低组分体系相图及相应的热力学数据来计算多元体系相图，可节省时间、人力和物力；或由实验容易测准的部分来预测实验难以测准的部分，以提高相图的准确性。Calphad 在寻找和合成新材料时，亦可起到定性和半定量的预测作用。这一研究方向已取得较大成功。但计算相图的热力学方法也有不足之处，即热力学方法无法预测新相的形成与否。它在由二元系预报三元系热力学性质和计算三元系相图时都是以三元系不形成新的中间相或新的中间化合物为基本假设的。若三元系中有未知的三元化合物产生（或二元系中有未知的二元化合物产生），热力学方法将无法预测其热力学性质。因此，在热力学方法之外找一种预测未知中间相形成的手段，乃成为相图计算所急需。

上述有关熔盐系相图的状况描述，也同样适用于合金系和氧化物系，对这些物系，也同样需要解决三元系中未知化合物的预报问题。

由于 Calphad 方法无法预报未知中间相，于是，我们运用原子参数方法与数据信息采掘技术（模式识别方法）相结合来补充。

1.2　数据信息采掘技术[16-24]

数据信息采掘和信息融合（Data Mining and Data Fusion）是当今信息科学一个新热点。其含义是综合运用多种算法，对从多种渠道来的大量数据进行计算机处理，通过去粗取精、去伪存真、由此及彼、由表及里的信息加工，抽提有用信息，发现自然规律。

迄今为止，化学、化工都是以实验工作为主的学科，这是由其研究对象的特点决定的。化学、化工研究的对象多为众多原子组成的复杂体系，原子间的作用复杂多变，难于用简单的解析方程求解。众多原子的统计力学方程也极为繁杂,宏观物系中通常发生传热、传质、流体流动过程,有的还有相变、界面现象和电流、电磁场的作用。要从"第一原理"推算和把握如此复杂的体系和过程,在可以预见的未来尚难办到。与此同时,这类体系在尺寸上与人类活动范围相近,其变化过程所需能量在地球表面环境下易于供应,这就使得这类靠解析方程求解极为困难的体系,做实验取数据较为容易。于是化学、化工领域的数据积累在各门学科中居于前列,如何从其中总结出经验或半经验规律,据以指导实验或提供线索,以便能用较小的工作量、较少的盲目性解决各种实际问题,就成为普遍的要求。

化学家的一项重要任务是发明各种有用的新物质,例如构建计算机用的高性能半导体、航天工业用的耐高温高强度合金,以至高效的抗癌药、色泽鲜艳不易褪色的染料等。这里一个共性的课题是:用何种原子(或元素)可堆成何种结构,具有何种物理或化学性质或生物活性,即结构—性质(性能)关系问题。

徐光宪先生在文章《21 世纪的化学是研究泛分子的科学》中展望 21 世纪化学的发展、探讨 21 世纪化学的难题时,提出:化学的第一根本规律是化学反应理论和定律;化学的第二根本规律是结构和性能的定量关系;第三是活分子运动的基本规律。

第二根本规律中"结构"和"性能"是广义的,前者包含构型、构象、手性、粒度、形状和形貌等,后者包含物理、化学和功能性质以及生物和生理活性等。虽然 W. Kohn(1998 年 Nobel 化学奖获得者)从理论上证明一个分子的电子云密度可以决定它的所有性质,但许多实际问题体系过于复杂,单靠通过量子力学、统计力学的方程(Schrödinger 方程,Liuoville 方程)求解目前还不可能,但可利用"第一原理"或基础实验找出与目标值(性质或性能)有关的参数(通常称为原子参数、分子参数或化学键参数),据此处理已知实验结果(如各种物理、化学性质的数据),总结经验或半经验规律。

化学家经常遇到的一个共性问题就是要寻求各种物质的原子参数和该物质性质的关系,这些数学关系一般是非线性、高噪声、多因子的复杂关系。这方面的课题大体上可表示如图 1.1 所示。

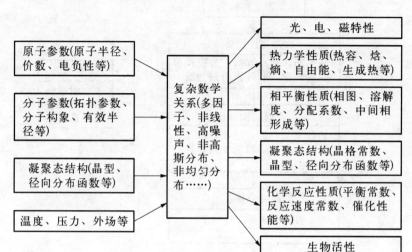

图 1.1　物质结构和性质的关系

　　化学、化工和材料科学专家的另一重要任务是发明或改进生产方法,将有用的物质大量、高质量、低能耗、低成本地生产出来。化学化工专家还有几项重要任务,即改善环境保护、医疗卫生以及利用地球化学协助找矿。这些任务都牵涉复杂的数据处理问题。

　　处理复杂数据一般要综合应用多种计算方法。我们的算法和软件(Master 和 ChemSVM)综合运用多种模式识别方法,并与回归方法、人工神经网络和支持向量机方法相结合,组成复杂数据的信息处理流程。图 1.2 表示我们目前采用的一个大体通用的流程,这个流程包括下列各步骤:

　　(1) 数据文件评估和初步分析。对数据文件是否有足够的信息量作初步考查,以决定数据信息采掘的可行性,并对数据结构作大致考查。

　　(2) 相关分析。用原始变量为坐标作投影图,考查单因子、双因子、三因子对目标值的影响,计算相关系数。

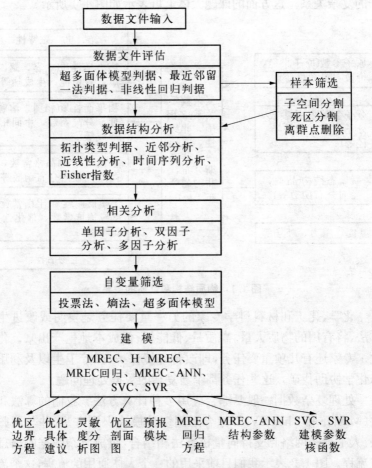

图 1.2　复杂数据信息处理通用流程图

（3）样本筛选。当数据文件分类有困难,则进行预处理。

（4）自变量筛选。根据自变量对目标值或分类影响大小,删去作用小噪声大的变量。

（5）建模。建立能指导实用的数学模型,包括"1"、"2"类分布区边界,目标值预测方程式。

建模之后,需要考查所建数学模型的有效性和可靠性。基本上有两类方法:一类是用已建立的数学模型预报未知,然后用实验或生产过程加以证实;另一类方法是预先留部分已知样本不参加训练,然后用求得的数学模型对其作预报加以验证。其中,常用的方法称为"留一法"(Leave-one-out),即每次取去一个样本,以其余样本作为训练集,并将求得的数学模型对不参加训练的这个样本作预报。在依次对每一个样本都作预报后,将预报成功率(平均值)作为预报能力的指标。当样本很多时,"留一法"工作量很大,此时可采用"留 n 法",比如"留十法"或"留四分之一法"等检查其预报能力。

1.3 原子参数−模式识别方法概述[16,19,25,26]

早在 20 世纪 70 年代,陈念贻先生在《键参数函数及其应用》一书中阐述了键参数(原子参数)的理论基础,总结了包括原子半径、元素电负性、原子价数等目前常用的原子参数在冶金、化工、半导体材料等方面研究中的应用,原子参数及其函数在物质化学键结构与宏观物性关系规律性的研究中获得了广泛而成功的应用,如金属间化合物稳定性、离子键—共价键间的过渡、无机化合物结晶构造等方面的应用。

原子参数−模式识别方法是一种半经验方法,它要求用能描述有关物系的原子参数(如电负性、原子或离子半径、价电子数等)及其函数(如半径差、电负性差、荷径比之差等)的集合张成多维空间,将已知相图的知识(中间相形成与否;中间相化学配比、晶型和晶格常数、熔点、分解点;中间相液相面数据等)作为以原子参数表征的模式向量(样本点)记于其中,然后用模式识别或人工神经网络总结出原子参数与宏观物性间关系的数学模型,进而用以预报未知。只要已知数据够多,就能总结出半经验规律。

对于氧化物系和熔盐系中的带有部分共价性的离子键化合物,可参照静电硬球模型和表征共价性的电负性构成原子参数集。根据

Reiss 的离子系量纲分析理论,离子系的物性取决于用下列函数式表征的位形积分:

$$I = f\left(\frac{Z_1 Z_2}{r_1 + r_2} \cdot \frac{1}{kT}, \frac{V}{(r_1 + r_2)^3}, \cdots\right) \qquad (1.1)$$

此处 r_1 和 r_2 分别为阴阳离子的半径,Z_1 和 Z_2 分别为阴阳离子的电荷数,V 为克分子容积,T 为温度。$\frac{Z_1 Z_2}{r_1 + r_2} \cdot \frac{1}{kT}$ 和 $\frac{V}{(r_1 + r_2)^3}$ 都是无量纲数,前者代表离子势能与动能之比,后者为离子半径的三次方与克分子体积之比。陈念贻先生在 Reiss 的基础上进一步研究,认为有必要考虑几何因素和部分共价性影响,应增加阴阳离子半径比 (R_1/R_2) 和电负性 (X) 两种参数。据此,我们用离子价数、离子半径和两种元素的电负性作为描述氧化物系或熔盐系的原子参数集。

将上述参数张成多维空间,或作为人工神经网络的输入值,将已知相图的数据记入多维空间,或作为人工神经网络的输出值,即可用数据信息采掘方法总结出原子参数和相图特征的关系,即数学模型。因每种元素都要用几个原子参数联合表征,二元系和三元系需要所有组分元素各自的原子参数或它们的函数(如电负性差、原子或离子半径比等)联合描述,因此,这需要多维空间信息处理技术(主要是模式识别、人工神经网络及多元统计等方法)来解决。我们称这种将原子参数与多维空间信息处理技术相结合的方法为原子参数-模式识别方法。

1.4 支持向量机方法[27-30]

1.4.1 支持向量机原理概述

数据处理、总结数学模型的目的是为了预报未知。但是在实践中,人们经常发现用传统的机器学习方法总结的数学模型对已知数据(即所谓训练集)常能拟合较好,而在预报未知样本时,偏差往往较大。当训练样本较少,而影响因素(自变量)较多时,亦即在小样本问题中此问题尤其严重。在数学上将这种现象称为数学模型的"推广能力"(generalization ability)不足的问题。如何提高算法和数学模型的推广能力,以确保我们预报结果的可靠性,显然是化学化工数据处理中非常重要的课题。这其实就是如何避免"过拟合"(overfitting)和"欠拟合"(underfitting)现象的问题。

"支持向量机算法"(support vector machine,简称 SVM),是以Vapnik 为代表的少数数学家建立的数据处理新算法。该算法不同于以往的以"大数定律"为基础的传统统计算法,其基础是他们自己创立的"统计学习理论"(statistical learning theory,简称 SLT),该新方法从严格的数学理论出发,论证和实现了在小样本情况下能最大限度地提高预报可靠性的方法,其研究成果令人鼓舞。通过在实验设计、商品检验、环境保护、药物设计、相图评估、变量校正等方面的应用,发现 SVM 算法在这些问题上应用中的预报效果,常优于原有的化学计量学中常用的人工神经网络、PLS(偏最小二乘,partial least square)、Fisher 法等算法。

Vapnik 的 SLT 的核心内容包括下列四个方面:① 经验风险最小化原则下统计学习一致性的条件;② 在这些条件下关于统计学习方法推广性的界的结论;③ 在这些界的基础上建立的小样本归纳推理原则;④ 实现这些新的原则的实际方法(算法)。

设训练样本集为 $(y_1, x_1), \cdots, (y_n, x_n)$,$x \in \mathbf{R}^n$,$y \in \mathbf{R}^n$,其拟合(建模)的数学实质是从函数集中选出合适的函数 $f(x)$,使风险函数:

$$R[f] = \int_{X \times Y} (y - f(x))^2 P(x, y) \mathrm{d}x \mathrm{d}y \qquad (1.2)$$

为最小。但因其中的概率分布函数 $P(x, y)$ 为未知,(1.2)无法计算,更无法求其极小。传统的统计数学遂假定上述风险函数可用经验风险函数 $R_{\text{emp}}[f]$ 代替:

$$R_{\text{emp}}[f] = \frac{1}{n} \sum_{i=1}^{n} (y_i - f(x_i))^2 \qquad (1.3)$$

根据大数定律,式(1.3)只有当样本数 n 趋于无穷大且函数集足够小时才成立。这实际上是假定最小二乘意义的拟合误差最小作为建模的最佳判据,结果导致拟合能力过强的算法的预报能力反而降低。为此,SLT 用结构风险函数 $R_h[f]$ 代替 $R_{emp}[f]$,并证明了 $R_h[f]$ 可用下列函数求极小而得:

$$\min_{S_h}\left\{R_{emp}[f]+\sqrt{\frac{h(\ln 2n/h+1)-\ln(\delta/4)}{n}}\right\} \tag{1.4}$$

此处 n 为训练样本数目,S_h 为 VC 维空间结构,h 为 VC 维数,即对函数集复杂性或者学习能力的度量。$1-\delta$ 为表征计算的可靠程度的参数。

SLT 要求在控制以 VC 维为标志的拟合能力上界(以限制过拟合)的前提下追求拟合精度。控制 VC 维的方法有三大类:① 拉大两类样本点集在特征空间中的间隔;② 缩小两类样本点各自在特征空间中的分布范围;③ 降低特征空间维数。一般认为特征空间维数是控制过拟合的唯一手段,而新理论强调靠前两种手段可以保证在高维特征空间的运算仍有低的 VC 维,从而保证限制过拟合。

1.4.2　本文所用的建模方法

SVM 模型性能与建模参数及其组合有关,主要参数是四种核函数(线性核函数 LKF、多项式核函数 PKF、径向基核函数 RKF 和 Sigmoid 核函数 SKF)、可调参数 C 值和不敏感函数中的阀值 ε。

支持向量分类(SVC)算法建模时,采用 SVC 留一法交叉验证(leave-one-out cross-validation,LOOCV)中分类的预测正确率(P_A)作为建模参数选择标准。P_A 可按下式计算:

$$P_A=\frac{N_C}{N_T}\times 100\% \tag{1.5}$$

式中 N_T 是样本集总数,N_C 是留一法交叉验证中类别预报正确的样本数。P_A 值越大,则选取对应参数条件建立分类模型。

支持向量回归(SVR)算法建模时,采用 SVR 留一法预报的平均相对误差(Mean Relative Error,简称 MRE)作为建模参数选择标准,定义如下:

$$MRE = \frac{1}{n}\sum_{i=1}^{n}\left|\frac{p_i - e_i}{e_i}\right| \times 100\% \qquad (1.6)$$

式中,e_i 是第 i 个样本的实验值,p_i 是第 i 个样本的预报值,n 是样本总数。MRE 越小则选取对应参数条件建立回归模型。

SVC 建立的模型分类正确率 C_A,可按下式计算:

$$C_A = \frac{N_C}{N_T} \times 100\% \qquad (1.7)$$

这里 N_T 是样本集总数,N_C 是类别判别正确的样本数。

1.5 智能数据库技术在材料科学中的应用[31-37]

材料设计是研究材料的合成和制备问题的终极目标之一。材料科学的发展现状,离开材料设计这一终极目标尚远。尽管如此,许多化学家、物理学家和材料学家仍然在这一方向上进行着艰难和持续的努力。他们将材料方面的大量数据和经验积累起来,在数据库的基础上形成了大大小小的专家系统,有些工作已经取得了很好的结果。

计算机信息处理技术的建立和发展,特别是人工智能、模式识别、计算机模拟、知识库和数据库等技术的发展,使人们能将物理、化学理论和大批杂乱的实验资料沟通起来,用归纳和演绎相结合的方式对新材料研制做出决策,为材料设计的实施提供了行之有效的技术和方法。

材料数据库是以存取材料性能数据为主要内容的数值数据库。目前世界上已有的化合物达四千多万种,现有的工程材料也有上百万种。它们的成分、结构、性能及使用等构成了庞大的信息体系。而且这一体系还在日新月异地不断更新、扩大和更加详尽。因此,单凭个人的经验和查阅书面出版物是远远不能满足要求的,计算机化的材料数据库就应运而生了。

20 世纪 70 年代 CAD(计算机辅助设计)和 CAM(计算机辅助制造)在美国航空工业中兴起,现已在各个部门日益普及。

美国是世界上数据活动最为发达的国家,其国家标准局就拥有数十个数据库,其中材料数据库占有很大比例,如力学性能数据库、金属弹性性能数据中心、材料腐蚀数据库、材料摩擦及磨损数据库等。著名的 M/Vision 软件是把数据库技术与结构分析软件结合起来的商业化产品,其数据库部分包括美国军用数据手册。欧洲各国的数据库开发情况受欧共体的推动。德国技术实验协会的金属数据库 SOLMA 有 3 000 种黑色和有色金属数据 2 万多条。荷兰 PETTER 欧洲研究中心的高温材料数据库 HT-DB 收集各种金属、非金属、复合材料的力学和热力学数据。从法国 1989 年发表的法国数据库指南中可以看到,法国有 40 多个材料数据库,内容覆盖了大部分工业材料,如金属、陶瓷、玻璃等。英国有色金属数据中心、石油化学公司、钢铁公司、金属研究所国家物理实验室、RollsRoyce 公司等 19 个单位建有各自的材料性能数据库。前苏联大约有 70 个材料数据库分布在研究室、大学、科学院和工业部门,航空工业还有自己的结构材料数据库。日本的数据库多数建于 20 世纪 80 年代,日本金属研究所、日本金属学会建有金属和复合材料力学性能数据库,包括疲劳、断裂、腐蚀、高温长时蠕变等数据。

国际上数据库技术的一个发展特点是国际合作与联网。如美国金属学会与英国金属学会合作开发金属数据文档库,美、英、法、德、意大利、加拿大等七国联合开发数据库计划(VAMAS),前苏联与东欧国家联合开发 COMECOM 计划等。

材料数据库是指导人们选择现有材料的有用工具。如果在已知数据的基础上,利用经验公式推算未知物性数据,可有助于材料设计和新材料研制。在用经验公式推算未知物性方面,如估算热力学性质,物理化学家取得了较为成功的结果。若能将这些经验估算方法与数据库技术连接起来,建立智能数据库,将对材料设计做出很有用的贡献。

我们知道,在新材料研制工作中,成分设计和工艺优化具有巨大的潜力,如果对所有可能的成分组合或工艺路线都进行实验,则将耗费大量的人力、物力和时间。而如果利用材料数据库和其他信息处理技术,则有可能减少研制工作量,缩短研究周期,降低成本和提高效率。例如美国贝尔实验室在制备电子材料时,利用数据库预测 Si 中的 Ge、P、F 和 Al 的浓度。日本东京大学的陶瓷数据库存有 3 000 个三元氧化物系统的数据,可以回答在某一给定成分下能否形成玻璃相的问题。

1.6 国内外熔盐相图计算工作简介[5-14, 38-60]

相图的计算机评估和预报的主流学派,Calphad(Calculation of phase diagram),致力于根据已知的二元相图用热力学方法预测三元相图。其研究的主流是基于热力学定律,根据体系初始条件,利用最小自由能和等化学势约束等确定体系在指定温度、压强下的平衡状态。加拿大的 Sangster 和 Pelton 的研究小组应用 Calphad 技术对 Li,Na,K,Rb,Cs//F,Cl,Br,I 的碱金属卤化物所有 60 种可能的同离子三元系相图、Na,K,Ba//F,MoO_4,WO_4 系 18 个同离子二元系相图、A_2CO_3 - AX 和 A_2SO_4 - AX 体系(A=Li,Na,K,X=F,Cl,OH,NO_3)的 24 个二元系相图等大量熔盐相图体系的热力学数据和相图数据进行了严格的热力学评估,用改良的准化学模型对 LiF - NaF - KF - MgF_2 - CaF_2 体系的热力学数据和相图数据进行了热力学评估。乔芝郁等用修正的 Toop 方法对 NaCl - $CaCl_2$ - $SrCl_2$ 三元系的相图和热力学性质进行了计算;还尝试 Calphad 技术和实验测试结合进行热力学评估和计算。Saboungi 等应用共型离子溶液理论(The conformal ionic solution theory)计算(Li,Na)(F,Cl)、(Na,Cs)(F,

Cl)、(Na,Tl)(NO$_3$,Cl) 和(Li,K)(NO$_3$,Cl)互易系的液相线温度。

陈念贻等用原子参数-模式识别方法经已知样本集的"训练"后可建立原子参数与宏观物性间的关系,进而对相图的某些物性或特征(如有无中间化合物、能否形成固溶体等)进行预报。曾经研究的体系涉及若干二元合金系以及二元合金相有相同晶型的三元合金系、氧化物系、熔盐系等。在熔盐系方面的工作有(设 Me、Me′为金属元素,X 为卤素,Re 为稀土元素):

(1) MeX - Me′X 系、MeX - Me′X$_2$ 系、MeX - Me′X$_3$ 系、MeX - Me′X$_4$ 系、MeX$_2$ - Me′X$_3$ 系熔盐相图复合卤化物中间相形成和配比规律、同分熔化和异分熔化规律的模式识别研究;中间相熔点和分解温度的人工神经网络预报。

(2) MeX - ReX$_3$ 系中间相形成规律、化学配比和熔化规律的模式识别研究;MeRe$_2$X$_7$、Me$_3$ReX$_6$ 化合物熔化规律以及熔点和分解温度的人工神经网络预报。

(3) 熔盐二元共晶系液相线温度的人工神经网络预报。

(4) 熔盐同离子三元系、互作用三元系中间化合物形成规律的模式识别研究。

(5) 熔盐三元无限固熔体系和三元共晶系分类的模式识别研究。

(6) R - M - X 三元稀土化合物的形成和晶型规律的模式识别研究。

(7) 复硝酸盐、复硫酸盐形成规律的模式识别分析。

(8) 三元熔盐相图液相面预报的原子参数-模式识别方法。

乔芝郁先生等也应用原子参数-模式识别方法预报了 ReX$_2$ - AX 系是否形成中间化合物(Re 为稀土元素, A 为 Li,Na,K,Rb,Cs;X 为 F, Cl, Br, I)。

1.7 本文工作的目的和意义[3,4,16,23,30,61-75]

相图数据库是以存取各类体系(合金系、氧化物系、熔盐系等等)

的相图及相关资料为主要内容的数据库。随着新材料的不断开发和应用,各种相图数据及相关资料构成了庞大的信息体系。而且这一体系还在日新月异地不断更新、扩大和更加详尽。因此,单凭个人的经验和查阅书面出版物是远远不能满足要求的,计算机化的相图数据库就应运而生了。

根据文献调研结果,合金系和氧化物系(陶瓷)相图已经有了比较完全的数据库,如由 MPDS 出版的手册和数据库。熔盐系的相图数据库现在还没有较完全的数据库,而且这方面的文献资料多数为俄文,使用起来不很方便,所以有必要建立一个熔盐系的相图数据库。

本文工作的目的是将我们最近开发的若干模式识别新方法(如 Support Vector Machine, SVM)扩充到相图计算的原子参数-模式识别方法中去,并将该方法应用于若干熔盐体系的评估、预报,建立相应的数学模型。据此对一些有疑问的相图进行实验验证并作出新的评价。

我们知道有许多相图的测定是相当困难的,如果能用计算机总结和预报熔盐系相图的若干特征和规律,则会对这一类相图的测量、热力学计算及材料设计大有益处。还有,熔盐系的相图数据及相关资料许多是在早期完成的,限于当时的条件,今天看来,有不少的数据彼此矛盾,甚至不可靠。因此有必要对相图进行一次较完全的评估。

本文工作不仅可作为 Calphad 方法的重要补充(特别是预报中间化合物和有无固溶体生成),而且对于相图数据库的"数据信息采掘"研究有较大的现实意义。此工作完成后可扩大到氧化物系和合金系,对材料研制将有更大意义。

参 考 文 献

[1] 叶于浦,顾菡珍.无机化学丛书:无机物相平衡:第14卷.北京:科学出版社,1997.

［2］　赵匡华.化学通史.北京：高等教育出版社,1990.

［3］　НКВоскренсенская. Справочник по Плавкости Систем из Безводных
Неоргнических Солеи Изд. А Н СССР . 1961.

［4］　В. И. Посыпайко，И. А. Алексеива，Н. А. Васина. Диаграммы Плавкости
Солейвых Систем，Изд. Металугия，Москова，1979.

［5］　Sangster A，Pelton A D. Thermodynamic Calculation of Phase Diagrams
of the 60 Common — Ion Ternary Systems Containing Cations Li，Na，K，
Rb，Cs，and Anions F，Cl，Br，I. Journal of Phase Equilibria（USA），
1991,12(5)：511-537.

［6］　Yves Dessureault，James Sangster，Arthur D. Pelton. Coupled Phase
Diagram-Thermodynamic Analysis of the 24 Binary Systems，A_2CO_3 - AX
and A_2SO_4 - AX Where A＝Li，Na，K and X＝Cl，F，NO_3，OH. Journal
of Physical and Chemical Reference Data，1990,19(5)：1149. - 1178.

［7］　Dessureault Y，Sangster J，Pelton，A D. Coupled phase diagram/
thermodynamic analysis of the nine common-ion binary systems involving
the carbonates and sulfates of lithium, sodium, and potassium. J.
Electrochem. Soc. 1990,137,(9)：2941-2950.

［8］　Chartrand P，Pelton A D. Thermodynamic Evaluation and Optimization of
the LiF - NaF - KF - MgF_2 - CaF_2 System Using the Modified Quasi-
Chemical Model. Metallurgical and Materials Transactions A，2001，32，
(6)：1385-1396.

［9］　Sangster J. Thermodynamics and Phase Diagrams of 32 Binary Common-
Ion Systems of the Group Li, Na, K, Rb, Cs// F, Cl, Br, I, OH, NO_3.
Journal of Phase Equilibria, 2000, 21, (3)：241-268.

［10］　Sangster，James Malcolm. Calculation of phase diagrams and
thermodynamic properties of 18 binary common-ion systems of Na, K,
Ba//F, MoO_4, WO_4. Canadian Journal of Chemistry, 1996, 74, (3)：
402-418.

［11］　乔芝郁,邢献然,桂玮珍,等,含稀土氯化物相图的优化计算,自然科学进
展,1994,4(3)：307.

［12］　邢献然,乔芝郁,郑朝贵,等. $RECl_3$ - $CaCl_2$ - LiCl（RE＝La,Ce,Pr,Nd）三
元相图的优化计算. 中国稀土学报,1994,12(4)：303.

[13] 乔芝郁,邢献然,郑朝贵,等. $RECl_3 - SrCl_2 - LiCl$ 三元相图计算. 北京科技大学学报,1992,14(5):599.

[14] 袁文霞,马淑兰,乔欣,等. $YCl_3 - AECl_2 (AE=Mg,Ca,Sr,Ba)$ 二元相图的研究. 金属学报,1996,32(2):135.

[15] 段淑珍,乔芝郁. 熔盐化学原理和应用:第三章. 北京:冶金工业出版社,1990:112.

[16] 陈念贻. 模式识别方法在化学化工中的应用. 北京:科学出版社,2000.

[17] 陈念贻. 计算化学及其应用. 上海:上海科技出版社,1987.

[18] CAMMフォーラム. 計算機材料科学にわけろ成功事例と挑戦すへ課題. 日本社団法人企業研究会,1995.

[19] 陈念贻. 键参数函数及其应用. 北京:科学出版社,1976.

[20] Chen Nianyi, Chemical Pattern Recognition Reserch in China. Analytic Chimica Acta. 1988,210, 175 - 180.

[21] 陈念贻. 模式识别优化技术及其应用. 北京:中国石化出版社,1997.

[22] Chen Nianyi, Li Chonghe, Qin Pei. Chemical patter recognition applied to materials optimal disign and industry optimization. Chinese Science Bulletin, 1997,42(10):793 - 779.

[23] Chen Nianyi, Lu Wencong, Chen Ruiliang, Li Chonghe and Qin Pei. Chemometric Methods Applied To Industrial Optimization and Materials Optional Design. Chemometrics and Intelligent Laboratory Systems, 1999, 45(1/2):329 - 333.

[24] 徐光宪. 中国科学基金,2002,No. 2:70.

[25] R. Miedema, J. Less-Common Metals, 1973, 32:117.

[26] H. Reiss, S. W. Mayer, J. L. Katz, J. Chem. Phys. , 1961, 35:820.

[27] Hong S J, Weiss S M. Advances in predictive models for data mining [J]. Pattern Recognition Letters, 2001, 22:55 - 61.

[28] Nello Cristianini, John Shawe-Taylor. An Introduction to Support Vector Machines and Other Kernel-based Learning Methods. 李国正,王猛,曾华军,译. 北京:电子工业出版社,2004.

[29] 陈念贻. 支持向量机及其他核函数算法在化学计量学中的应用. 计算机与应用化学. 2002, 19(6):691.

[30] 陆文聪. 支持向量机算法和软件 ChemSVM 介绍. 计算机与应用化学.

2005 年上海大学
博士学位论文 ■

博士学位论文 ■

[31] 曾汉民. 高技术新材料要览. 北京：中国科学技术出版社,1993：9 - 16.

[32] 郝建伟，肇研. 先进材料性能数据库发展现状及建议. 航空制造技术，
2001,(6)：30.

[33] Aaron. Blicblaw. Developing materials education with modern technology.
Metals and Materials, 1990，6(4)：216.

[34] J. Feldt. Material Science and Technology Databases. Advanced Material
& Progress, 1994, 145(4)：41.

[35] D. Price. A Guide to Material Databases. Materials, 1993, 1(7)：418.

[36] 周洪范. 材料数据库的进展与应用. 机械工程材料,1993,17(1)：21 - 22.

[37] 姚熹. 材料科学与微型电脑. 微型电脑应用,1999,(3)：2.

[38] Qiao Zhiyu. Hillert M. Calculation of thermodynamic properties and
phase diagram of ternary molten salt system NaCl - CaCl$_2$ - SrCl$_2$ by use
of computer. Acta Metallurgica Sinica, 1982, 18(2)：245 - 254(in
Chinese).

[39] Qiao Zhiyu, Duan Shuzhen, Gui Weizhen, Sun Minsheng. Construction of
molten salt phase diagrams by combination of calculation with
measurement. Acta Metallurgica Sinica, 1987, 23(4)：179 - 184(in
Chinese).

[40] Saboungi M L, Blander M. Phase diagrams of reciprocal molten salt
system: calculations of liquidus topology and liquid-liquid miscibility gaps.
High Temperature Science, 1974,6(1)：37 - 51.

[41] Sun Yimin, Qiao Zhiyu. Molten salt phase diagram evaluation by pattern
recognition: Part I Divalent rare earth halide and alkali metal halide binary
systems. Rare Metals,2002,21：36 - 42.

[42] Qiu Guanzhou, Wang Xueye, Wang Dianzuo, Chen Nianyi. Molten salt
phase diagrams calculation using artificial neural network or pattern
recognition-bond parameters. Part 2. Prediction of phase diagrams of
ternary molten salt systems. Transactions of Nonferrous Metals Society of
China (English Edition), 1998,8(2)：313 - 318.

[43] Wang Xueye, Qiu Guanzhou, Wang Dianzuo, Li Chonghe, Chen Nianyi.
Molten salt phase diagram calculation using artificial neural network or

pattern recognition bond parameters. Part 3. Estimation of liquidus temperature and expert system. Transactions of Nonferrous Metals Society of China (English Edition), 1998,8(3): 505 - 509.

[44] Wang Xueye, Qiu Guanzhou, Wang Dianzuo, Chen Nianyi. Molten salt phase diagrams calculation using artificial neural network or pattern recognition-bond parameters. Part 1. The prediction of the phase diagrams of binary molten salt systems. Transactions of Nonferrous Metals Society of China (English Edition), 1998,8(1): 142 - 148.

[45] Kang Deshan, Wang Xueye, Yao Shuwen, Chen Nianyi. Formability of ternary intermediate compounds in some molten salt phase diagrams. Transactions of the Nonferrous Metals Society of China, 1995,5(2): 23 - 25.

[46] Chen Nian-y, Zheng Long-ru, Liu Zheng-xian, Jiang Nai-xiong, Li Qing-zhi. Multi-dimensional bond-parametric analysis of metallurgical systems. Rare Metals, 1982,1(1): 20 - 27 (in Chinese).

[47] Guo Chuntai, Cu Mingj, Li Jie, Tang Dingxiang, Xu Chi, Chen Nianyi. Radial distribution function of LiF - KCl molten salt solution. Acta Metallurgica Sinica, 1991,27(1): B12 - B16 (in Chinese).

[48] Cheng Zhaonian, Jia Zhengming, Chen Nianyi. Molecular dynamics study of structure in molten salt solution NaF - CaF2. Acta Metallurgica Sinica (English Edition), Series B: Process Metallurgy & Miscellaneous, 1993, 6B(5): 324 - 330.

[49] Kang Deshan, Wang Xueye, Zhan Qianbao, Chen Nianyi. Formability and experimental confirmation of intermediate compounds in some molten salt phase diagrams. Chinese Journal of Nonferrous Matals, 1996,6(1): 35.

[50] Chen Nianyi et al. Proc. 5th China-Japan Bilateral Conf. on Molten Salt Chem and Tech. , Kunming, 1994: 5.

[51] 王学业,姚树文,陈念贻,等. Me X - REX$_3$ 系相图的模式识别分析. 高等学校化学学报,1995,16(11): 1657 - 1659.

[52] 王学业,陈念贻. 三元熔盐相图特征预报的人工神经网络方法. 科学通报. 1996,41(7): 605 - 607.

[53] 康德山,陈念贻. 若干卤化物系中间化合物的形成规律. 科学通报. 1995,

40(10)：959 - 960.

[54] 刘刚,陈瑞亮,李重河,等. 熔盐-液体金属相互溶解度的规律性. 金属学报 1997,33(9)：939 - 942.

[55] 康德山,王学业,李重河,等. 熔盐相图中间化合物 CsCl·MnSO4 的预报与合成. 化学学报, 1997, 55(5)：463 - 466.

[56] 刘刚,钦佩,陈念贻. MeX - Me′X₂ 系熔盐相图中间相平衡液相线的计算机预报. 计算机与应用化学,1998,15(6)：365 - 368.

[57] 沈霞,方建慧,陆文聪,等. AX - BX₂ 卤化物熔盐体系固溶体形成规律. 化学通报,2002, 65(6)：414 - 417.

[58] 王学业,陈念贻,邱冠周,等. 若干熔盐系中间化合物的形成规律. 湘潭大学自然科学学报,1998, (2)：56 - 61.

[59] 丁益民,迟亮,陈念贻. CsF - CaF₂ 系熔盐相图的计算机预报与实验测定. 计算机与应用化学,2002, 19(6)：721 - 722.

[60] 陆文聪,包新华,刘亮,等. 二元溴化物系(MBr - M′Br₂)中间化合物形成规律的逐级投影法研究. 计算机与应用化学,2002,19(4)：473 - 476.

[61] P. Villars. Pearson's Handbook, Crystallographic Data for Intermetallic Phase. The Materials Information Society, 1997.

[62] N. Cristanini and J. S. Taylor. An Introduction to Support Vector Machine and Other Kernel-Based Learning Methods. Cambridge University Press, Cambridge, 2000.

[63] BY W. EYSEL, H. H. HoFER, et al. Acta Cryst. , 1985, B41：5 - 11.

[64] O. Muller, R. Roy. The Major Ternary Structural Families, Springer-Verlag, Berlin, Heidelberg, New York, 1974.

[65] 包新华,吴兰,陆文聪,等. 二元溴化物系中间化合物的形成规律. 应用科学学报,2001, 19(2)：170 - 172.

[66] Alder B J, Wainwright T E. Phase transition for a hard-sphere system. The Journal of Chemical Physics, 1957, 27：1208 - 1209.

[67] Schiotz J, Tolla F D D , Jacobsen W. Softening of nanocrystalline metals at very small grain size. Nature, 198,391：561 - 563.

[68] Chen Z Y , Ding J Q. Molecular dynamics studies on dislocation in crystallites of nanocrystalline α-iron. Nanostructured Materials, 1998, 10 (2)：205 - 215.

[69] Wen Yuhua, Zhou Fuxin, Liu Yuewu. Molecular dynamics simulations of microstructure of nanocrystalline copper. Chinese Physics Letters, 2001, 31(3): 411 - 413.

[70] Verlet L. Computer 'experiments' on classical fluids. I. Thermodynamical properities of Leonard-Jones molecules. Physical Review, 1967, 159: 98 - 103.

[71] Swope W C, Anderson H C, Berens P H, Wilson K R. A computer simulation method for the calculation of equilibrium constants for the formation of physical clusters of molecules: application to small water clusters. Journal of Chemical Physics, 1982, 76: 637 - 649.

[72] Honeycutt R W. The potential calculation and some applications. Methods in Computational Physics, 1970, 9: 136 - 211.

[73] Daw M S, Baskes M I. Embedded atom method derivation and application to impurities, surfaces, and other defects in metals. Physical Review B, 1984, 29(12): 8466 - 8495.

[74] Andrew R L. Molecular Modeling: Principle and Practice. Berlin Heidelberg: Springer-Verlag, 1996: 357 - 359.

[75] 侯怀宇, 谢刚, 陈书荣, 等. NaF - AlF$_3$ 系熔盐结构的分子动力学计算. 中国有色金属学报, 2000, 10(6): 914 - 918.

第二章 熔盐相图智能数据库的研究和开发

2.1 引言

相图数据库是以存取各类体系(合金系、氧化物系、熔盐系等等)的相图及相关资料为主要内容的数据库。随着新材料的不断开发和应用,各种相图数据及相关资料构成了庞大的信息体系,而且这一体系还在日新月异地不断更新、扩大和更加详尽。因此,单凭个人的经验和查阅书面出版物是远远不能满足要求的,计算机化的相图数据库就应运而生了[1]。

根据文献调研结果,合金系和氧化物系(陶瓷)相图已经有了比较完全的数据库,如由 MPDS 出版的手册和数据库[2]。熔盐系的相图数据库现在还没有较完全的数据库,而且这方面的文献资料多数为俄文[3,4],使用起来不很方便,所以有必要建立一个熔盐系的相图数据库。

数据库技术只是将数据有效地组织和存储在数据库中,并对这些数据做一些简单分析,大量隐藏在数据内部的有用信息无法得到。熔盐相图智能数据库不同于上述单纯的相图数据库,除了具有快速检索的功能外,具有利用数据库资料进行数据挖掘、评估相图、计算和预测相图的若干特征,甚至相图的功能;更接近人工智能范畴的专家系统。

熔盐相图是冶金、化工和材料科学研究的重要理论依据。近百年来,熔盐系相图已做了大量实验测量工作,出版了熔盐系相图的手册并建立了数据库,但仍不能满足各种实际需要。例如熔盐系相图的二元、三元系相图多达数十万种,而已测相图者仅数千种,故现有相图远不能满足需要,因此相图的计算机预报成为重要任务。用热力学预报相图已取得较好效果。但热力学方法也有其局限性。单凭热力学方法无法预报未测相图是否有未知的中间化合物,在无热力学数据时也难预报未知相图的液相线(面)。事实上,有时为了应付实用的急需,即使是粗略的估计也是很有用的。为此,我们寻找计算机预报熔盐相图的其他途径。

本文介绍我们基本建成的熔盐相图智能数据库(Intelligent Molten Salt Phase Diagram Data Base,IMSPDB),该数据库已收集了三千多个熔盐系的二元、三元和多元相图的图文资料。资料来源于四种英、俄文熔盐相图手册,以及若干主要学术刊物截至 2002 年底的文献资料。

IMSPDB 储存了根据这些已知相图总结的数学模型,据此可对大批未知相图作计算机预报。

2.2 熔盐相图智能数据库的设计思想和结构

熔盐相图智能数据库设计思想的最高目标是要做成这样一个智能数据库,输入体系的组成元素或基团,就能显示相图。不但该相图已经被测定,而且,如果数据库中没有该相图,即该相图不曾被测定,则可根据数据库中储存的相关的数据挖掘成果并运用相图计算与预报软件进行相图特征的预报乃至对该相图做出局部或全部的预报。

这一目标分三步完成,第一步,建立一个完整的熔盐相图数据库,能够进行相图检索和浏览;第二步,能够从数据库相图中提取数据,形成一个可供数据挖掘的数据表,运用相图计算与预报软件进行计算,总结规律,例如判断能否形成中间化合物或判断能否形成连续固溶体,等等;第三步,利用和不断开发相图计算与预报软件,对熔盐系相图分类进行评估,建立相图特征乃至相图预测的数学模型。

本工作建成的熔盐相图智能数据库,其基本结构如图 2.1 所示。包括数据库和利用这些资料的软件两大部分。数据库包含熔盐相图数据库,相图相关资料数据库,用于数据挖掘的元素、纯物质、化合物的参数数据库和数据挖掘的有关成果数据库。利用这些资料的软件(用 VB 语言编写[5-7])包括相图数据库系统软件和相图与物性的计算与预报软件。

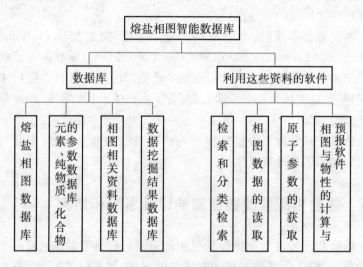

图 2.1　熔盐相图智能数据库结构图

2.3　熔盐相图智能数据库的程序分析

熔盐相图智能数据库建设和发展的重点在其智能上。所谓智能,指的是其具有计算和预报相图的能力。这个能力一般通过如图 2.2 所示的流程来实现。首先要有一个相图数据库;然后是能从数据库中获取计算所需的相图数据和相关的原子参数及元素和化合物的物性参数,生成一张数据挖掘软件能够读取的数据文件;最后进行数据挖掘(数据挖掘流程略),得到数学模型。

图 2.2　相图计算与预测流程图

　　为实现上述智能数据库的设计思想,在程序中,通过编写三大程序模块(图 2.3)来实现,即:相图矢量化输入模块、数据库系统模块和数据挖掘模块。

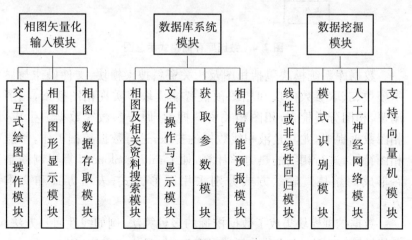

图 2.3　数据库程序结构图

相图矢量化输入模块是利用计算机交互式矢量绘图技术人工地把相图从点阵格式转换为矢量格式输入熔盐相图数据库。程序以现有的光栅图像为底图,然后对照底图像矢量绘图软件一样交互式任意地绘制、编辑图元。实现"所见即所得"。在数据库接口技术方面,采用 DAO 接口方便地与 Access 数据库交互,进行存储、读取、编辑的操作。

熔盐相图数据库采用 Access 数据库存储格式(图 2.4)。该数据库(MsdataBase. mdb)是转化后的相图存储的存放格式。MsdataBase. mdb 由几个表组成。其中 Diagram 表存储了每张相图的整体信息。对于直线,只需记录两个端点的坐标。对于曲线,采用三次样条(Triple Spline)曲线拟合,在曲线上取若干个点,即可拟合成一条曲线。对于文字,须记录文字的内容及其位置。

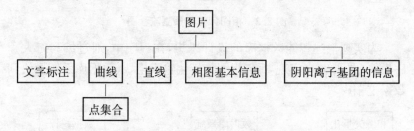

图 2.4 数据库存储格式示意图

数据库系统模块包括相图及相关资料搜索模块、文件操作与显示模块、获取参数模块和相图预报智能模块。实现相图搜索,相图浏览,相图分类检索,相图相关资料搜索,原子参数等数据表生成,相图数据提取,尤其是液相线数据的提取;进行数据挖掘工作,预测相图特征;进行相图的热力学计算,如 Limiting Slope 计算以判断是否形成固熔体。显示方式分别采用图形方式、表格方式和文本方式。

数据挖掘模块集成了数据挖掘的多种算法,例如线性回归方法、非线性回归方法、主成分分析法(PCA)、偏最小二乘法(PLS)、Fisher

判别分析法、K 最近邻法(KNN)、人工神经网络(ANN)、最佳投影法、超多面体法和支持向量机方法等。这个模块的程序由陆文聪教授编写[8-9]。

2.4 熔盐相图智能数据库的主要功能

熔盐相图智能数据库实现的主要功能(图 2.5)有:

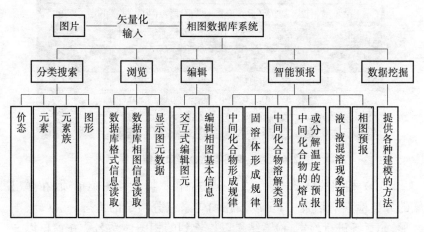

图 2.5 程序实现功能图

(1) 相图数字化,相图数据获取自动化。利用计算机交互式矢量绘图技术人工地将扫描得到的相图从点阵格式转换为矢量格式输入 Access 数据库。图片的矢量化输入功能可以使图片可以任意放缩,而不影响图形质量,并且图片数据储存量减小,为数据库网络化提供了方便;更重要的是图片矢量化后,读取数据更为方便,能够编写程序从相图上读取数据挖掘所需的数据,例如相图特征点的组分和温度,尤其是液相线的数据。获取相图数据是利用计算机计算和预测相图的基础,这一功能的实现为相图评估和相图计算的自动化打下了坚实的基础。

(2) 相图及相关资料的搜索和浏览。用户可以方便地在搜索界面(图 2.6)上点击相图的组成元素或基团,然后点击 OK 按钮即可搜索到相图及相关资料。

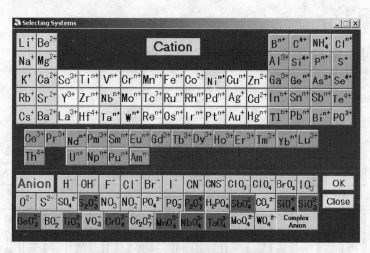

图 2.6　熔盐相图智能数据库的搜索界面

(3) 相图的分类检索。用户点选相图\搜索相图菜单项,在弹出的分类检索对话框中,可以按相图体系组分离子的价态、元素族、图形、元素等进行检索,检索结果以检索到的相图体系名称在窗口以文本形式依次显示,用户点击相图名称即可浏览相图。我们用原子参数-数据挖掘方法总结相图特征的规律,往往需要收集同类型或者相似类型相图的数据,一般数据库检索相图的功能是一对一的检索,不能满足我们的需要。分类检索实现按价态、元素族、图形、元素等进行检索,我们可以根据研究的需要对熔盐体系的相图进行分类,然后提取数据,进行数据挖掘,总结规律。这将大大减少相图评估和相图计算的工作量,为计算机逐步实现自动计算和预测相图打下技术基础。

(4) 原子参数的读取。用户在生成原子参数界面(图 2.7)上选取需要的原子参数,然后"确认"即可,程序会生成一张文本格式的原子参数数据表。该数据表可以被相图计算或数据挖掘软件读取。

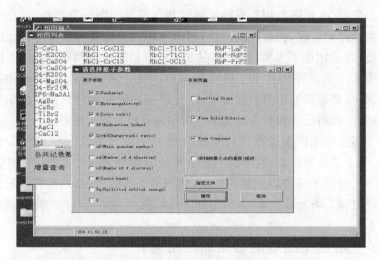

图 2.7　熔盐相图智能数据库的读取原子参数界面

（5）相图智能预报。在相图智能预报模块中存储了根据数据库中相图数据总结的数学模型。据此可预报大批未知相图的相图特征。我们对同阴离子卤化物相图进行数据挖掘，在是否形成中间化合物、是否有固熔体生成、是否有液-液混溶现象、相图预报（预报完全互溶体系 $AX_2 - BX_2$ 的液相线）等方面总结规律，将得到数学模型编入程序。如果用户想要知道 NaCl 和 KCl 之间能否形成固溶体，只要从智能数据库的主界面中进入 Intelligent Prediction，选择 Solid Solubility，然后，在类似于搜索界面（图 2.6）上选定"Na"、"K"和"Cl"，确认后，即可看到预报结果。

（6）相图与物性的计算与预报。除上述智能相图预报外，数据库提供各种用于数据挖掘的计算方法，数据库的高级用户可以利用熔盐相图智能数据库的功能和计算工具对未知相图自行建模。

2.5　结论与展望

目前建成的熔盐相图智能数据库实现了相图数字化，相图数据获取自动化,相图及相关资料的搜索和浏览及相图的分类检索,原子参数的自动获取,相图智能预报,相图与物性的计算与预报等方面的功能,为运用原子参数-数据挖掘方法进行相图预测和对熔盐体系的相图进行全面评估打下了坚实的基础。该技术可望推广到氧化物系、合金系等其他相图数据库领域,促进相图计算和材料设计的学科发展,在材料设计和开发的实际应用中具有极大的应用潜能。

熔盐相图智能数据库可望结合热力学计算方法和量子化学计算、分子动力学计算,利用量子化学和分子动力学的计算提供一些实验不能测得的或难以测量的数据,利用原子参数-数据挖掘方法的预测能力和 Calphad 技术,为相图的评估和预测开辟一条新的路径。

2.6 熔盐相图智能数据库应用简介

熔盐相图智能数据库主要用于对现有相图数据的评估及相图计算和预测等方面。利用智能数据库技术和原子参数-数据挖掘技术(包括支持向量机方法),我们已经对卤化物体系是否形成中间化合物、中间化合物溶解类型、中间化合物的熔点或分解温度的预报、是否有固熔体生成、是否有液-液混溶现象、相图预报(预报完全互溶体系 $AX_2 - BX_2$ 的液相线)等方面总结规律,部分结果已经编好程序放入数据库的智能模块中。

利用该数据库我们评估了许多相图体系,发现现有的熔盐相图约有 5% 是有错误的或值得怀疑的。例如,在二元碱金属卤化物体系中,某些体系究竟是否形成固溶体还有争论。我们发现 Sangster[10] 用热力学方法评估了 14 个二元碱金属卤化物体系(KCl - KF, KBr - KF, KI - KF, NaCl - NaF, NaBr - NaF, NaI - NaF, LiCl - LiF, LiBr - LiF, CsCl - CsF, CsBr - CsF, CsI - CsF, RbCl - CsF, RbBr - RbF, RbI - RbF)的混合熵与 Kleppa[11] 用量热法得到的数据相矛盾,尤其是 KCl - KF,RbCl - CsF,CsCl - CsF 体系(见表 2.1)。为了找出原因,我们重测了 KCl - KF 体系[12],DTA 证据和 limiting slope 计

算结果显示在 KCl 一边 KF 有明显的固溶度,而 Sangster 的热力学计算忽略了这一事实,所以出现矛盾。如果考虑 KCl‑KF 体系的固溶度,热力学计算结果显示在氯化物一边的熔解是放热的,与 Kleppa 的实验结果一致。RbCl‑CsF,CsCl‑CsF 体系的情况有点类似,有关的实验工作正在进行。另外,我们用智能数据库技术和原子参数-支持向量机方法对 47 个已知的 MeBr‑Me'Br$_2$ 类相图建模、预报,发现 CsBr‑CaBr$_2$ 体系文献[13]报道与计算预报结果不一致,于是我们怀疑该报道可能有误,决定重测 CsBr‑CaBr$_2$ 体系的相图,实验结果证实了我们的计算预报结果,即该体系不是简单共晶型相图,确有中间化合物生成(本文第三章将有详细介绍)。

表 2.1   KF‑KCl, RbF‑Cl, CsF‑CsCl 熔盐体系的混合焓

体 系	Sangster 计算的 $\Delta H_{mixing}/J \cdot mol^{-1}$	Kleppa 测量的 $\Delta H_{mixing}/J \cdot mol^{-1}$
KF‑KCl (在 KCl 端)	+3 066	−420
RbF‑RbCl (在 RbCl 端)	+5 207	−840.8
CsF‑CsCl (在 CsCl 端)	+2 700	−2 549

本文第三章还详细报道了利用智能数据库技术和原子参数-数据挖掘技术对白钨矿型结构物相的若干形成规律、钙钛矿及类钙钛矿结构物相的若干规律性和硫酸钠(I)型结构物相的若干规律性进行数据挖掘的结果。

参 考 文 献

[1]   Essentials of Advanced Materials for High Technology (高技术新材料要览). 北京:中国科学技术出版社,1993.

[2]   P. Villars. Pearson's Handbook, Crystallographic Data for Intermetallic Phase. The Materials Information Society, 1997.

[3]   НКВоскренсенская. Справочник по Плавкости Систем из Безводных

Неоргнических Солеи Изд. А Н СССР. 1961.

［4］ В. И. Посыпайко,И. А. Алексеива,Н. А. Васина. Диаграммы Плавкости Солейвых Систем. Изд. Металугия，Москова，1979.

［5］ Eric A. Smith, Valor Whisler, Hank Marquis. Visual Basic 6 Bible. 蒋洪军,沈瀛生,魏永明,等译. 北京:电子工业出版社,1999.

［6］ John W. Fronckowiak, David J. Helda. Visual Basic 6 Database Programming. 全刚,杨领峰,申耀军等译. 北京:电子工业出版社,1999.

［7］ 李怀明,骆原,王育新. Visual Basic 6 参考详解. 北京:清华大学出版社,1999.

［8］ Chen Nianyi, Lu Wencong, Chen Ruiliang, Qin Pei. Chemometric methods applied to industrial optimization and materials Optimal design. Chemometrics and Intelligent Laboratory Systems, 1999,45：329-333.

［9］ 陈念贻，钦佩，陈瑞亮，等. 模式识别方法在化学化工中的应用. 北京:科学出版社, 2000.

［10］ Sangster, J. and Pelton, A. D. Phase diagrams and thermodynamic properties of the 70 binary alkali halide systems having common ions. Journal of Physico-Chemical Reference Data, 1987, 16：509 - 561.

［11］ Guo Q. T. and Kleppa, O. J. The standard enthalpies of the compounds of early transition metals with late transition metals and with noble metals as determined by Kleppa and coworkers at the University of Chicago-A review, Journal of Alloys and Compounds, 2001,321：169 - 182.

［12］ 丁益民,阎立诚,陈念贻. KF-KCl 体系相图测定和相图的热力学评估问题的探讨. 盐湖研究. 2003, 1(1)：4-6.

［13］ Chikanov, V. N. , Chikanov, N. D. Interaction in binary bromide systems, Journal of Inorganic Chemistry (in Russia), 2000, 45：1221-1224.

第三章 溶盐相图智能数据库的应用

建立熔盐相图智能数据库的一个重要目的是利用智能数据库技术和原子参数-数据挖掘技术(包括支持向量机方法)对现有熔盐相图数据进行评估,并作进一步的相图计算和预测,进而服务于材料设计。本章介绍熔盐相图智能数据库的具体应用。

3.1 CsBr - CaBr₂ 相图

3.1.1 引言

Chikanov[1]曾经报道 CsBr - CaBr₂ 体系的相图是没有中间化合物的简单共晶型相图。因为这一结论与我们用原子参数-支持向量机方法对已知的 47 个 MeBr - Me′Br₂ 类相图建模、预报的结果不一致[2],所以我们决定重测 CsBr - CaBr₂ 体系的相图。

3.1.2 实验

3.1.2.1 样品制备

制备相图所用的溴化铯(CsBr)和溴化钙(CaBr₂·xH₂O)都是由 Acros Organic Inc. 生产的,纯度为 99.9%。称量前 CsBr 样品用红外线快速干燥器 200℃ 干燥 2 小时,然后放入干燥器(含五氧化二磷(P₂O₅)干燥剂)备用。溴化钙样品因含有不定量的结晶水,所以使用前先在管式炉中 300℃ 脱水 2 小时,然后置于干燥器中冷却备用。CaBr₂·xH₂O 脱水温度根据其 DTA - TG 图(图 3.1)确定。

在手套箱内(用五氧化二磷(P₂O₅)作干燥剂),用 Mettler Toledo AB104 - N 型电子天平(精度±0.1 mg)按所需摩尔比称取样品 CsBr 和

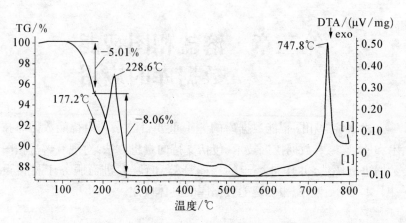

图 3.1　$CaBr_2 \cdot xH_2O$ 的 DTA 和 TG 谱图

$CaBr_2$。将称好的 CsBr 和 $CaBr_2$ 样品置于玛瑙研钵内,充分研磨均匀,待测。

为了使包晶混合物达到平衡,用于 X 射线衍射分析的样品被放入石英管中,真空封闭,在转晶温度以下保温 240 h。然后,在手套箱内取出,研细,待测。

3.1.2.2　差热分析(DTA)测试

差热分析在 NETZSCH STA 409 型(德国制造)差热分析仪上进行。从研磨均匀的粉末中取约 60 mg 的样品装入一个进口的 Al_2O_3 小坩埚中,放在差热天平的右端上。然后进行仪器操作,起始采样温度(℃)视炉温而定,升温速度 10 K/min,终止温度(℃)视样品而定,保护气氛为高纯氮。

3.1.2.3　X 射线衍射分析(XRD)

室温 XRD 在 Rigaku D/max - 2550 型衍射仪上进行,用 Cu - Kα 射线。高温 XRD 在 Rigaku D/max - 2200 型衍射仪上进行,用 Cu - Kα 射线。

3.1.3　中间化合物晶体结构分析方法[3-10]

当一束 X 射线入射到化合物晶体样品时,其间相互作用过程相当复杂,按能量转换及能量守恒规律,大致可分为三个方面:① 被散射;② 被吸收;③ 透过。

由于晶体是由原子有规律排列成的晶胞所组成的,而这些有规律排列的原子间的距离与入射 X 射线波长具有相同数量级,故由不同原子衍射的 X 射线相互干涉叠加,可在某些特殊的方向上产生强的 X 射线衍射。衍射方向与晶胞的形状和大小有关。衍射强度则与原子在晶胞中的排列方式有关。

解释 X 射线衍射谱图一般分两步:首先,确定晶胞的形状;然后,确定晶胞中原子的位置。本文使用的测定步骤如图 3.2 所示。在获得样品的 X 射线衍射图谱后,利用原子参数-支持向量机方法预测化合物的晶体结构模型,然后计算各衍射线条相对强度(I_{calc}),若实验值与计算值完全符合时,则可确认该化合物的晶体结构。

中间化合物晶体粉末样品

↓

X 射线衍射图

↓

I_{obs} 实验衍射强度

↑

I_{calc} 计算强度

↑

SVM 预测化合物晶体结构模型

图 3.2   化合物晶体结构分析步骤

X 射线衍射谱图上的每条谱线可以看成是一系列平行晶面的X射线的反射。根据 X 射线强度理论,对多晶粉末样品,某 hkl 衍射面的累计强度由以下几个因素决定:① 原子的衍射力(f);② 结构振幅(F);③ 角度因子,包括偏振因子 $\left(\dfrac{1+\cos^2 2\theta}{2}\right)$ 和洛伦兹因子 $\left(\dfrac{1}{4\sin^2\theta\cos\theta}\right)$;④ 结晶学上的等价面的数目($P$);⑤ 原子热振动的振幅,即温度因子($e^{-2M}$);⑥ 吸收因子($A(\theta)$)。

在衍射仪法中,各衍射线条相对强度为

$$I_r = |F|^2 \times \frac{1 + \cos^2 2\theta}{\sin^2 \theta \cos \theta} \times P_{hkl} \times A(\theta) \times e^{-2M}$$

式中，$|F|^2$ 为结构因子，它是强度测量中的因数；$\frac{1 + \cos^2 2\theta}{\sin^2 \theta \cos \theta}$ 是角度因子，是偏振因子和洛伦兹因子的联合，计算强度时略去了常数；$A(\theta)$ 为吸收因子，此项取决于试样的形状；P_{hkl} 为多重性因子；e^{-2M} 为温度因子。

由于在大多数情况下，晶体粉末使用平板试样，入射和反射线束在试样表面始终形成相等角度 θ，故入射线束和衍射线束在各个不同衍射角的吸收作用相等，因此计算相对累积强度时，可以不必计及吸收因子。本文指标化工作中，没有考虑温度因子，所以，衍射线条相对强度的计算公式可简化为

$$I_r = |F|^2 \times \frac{1 + \cos^2 2\theta}{\sin^2 \theta \cos \theta} \times P_{hkl} \tag{3.1}$$

式中，$|F|^2$ 的计算如下：

$$F^2 = A^2 + B^2$$

而 $$A = \sum f \times \cos 2\pi \times (hx + ky + lz) \tag{3.2}$$

$$B = \sum f \times \sin 2\pi \times (hx + ky + lz) \tag{3.3}$$

如果把对称中心作为坐标原点，那么，式(3.3)中的正弦项就不需要计算了，因为整体加和后的 B 等于零。式中 f 是原子的衍射力，主要与原子核外的电子云有关，衍射力的大小由原子核外的电子数决定，即由原子序数决定，原子序数大者，则衍射力也大。事实上，在小角度，原子的衍射力正比于原子的电子数。此外，原子的衍射力随着衍射角度的增加，衍射强度减小。随 $\frac{\sin \theta}{\lambda}$ 变化的所有原子的衍射力 (f) 可在 Internationale Tabellen 中查到。

假定求得的原子坐标值合理,则由此计算出的$|F_{cal}(hkl)|$,应与实验值$|F_{obs}(hkl)|$相一致。尝试法所求得的结构正确与否,可用偏离因子(R因子)作大致判别的标准。

$$R\% = \frac{\sum||F_{obs}(hkl)|-|F_{cal}(hkl)||}{\sum|F_{obs}(hkl)|} \times 100\% \qquad (3.4)$$

这是结构分析的最后精度,对复杂的低分子化合物,R为10%左右;简单组成的化合物,R为4%~6%。

3.1.4 相图测试结果

3.1.4.1 DTA结果

按CsBr和CaBr$_2$的不同摩尔比配样品测得数据如表3.1所示,部分DTA降温曲线见图3.3。图中可见,在富CsBr一边,1:1中间化合物相凝固后还有三个放热峰。高温X射线衍射分析表明在这个温度范围内没有固体相变发生,所以这些放热峰应该对应相图的凝固点或转熔点。

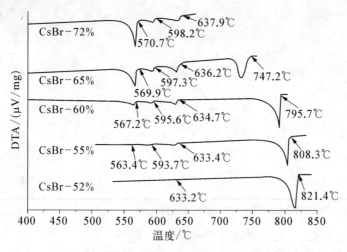

图3.3 CsBr-CaBr$_2$的差热分析(DTA)结果

表 3.1　CsBr‑CaBr$_2$ 的差热分析(DTA)数据

CaBr$_2$ /mol%	共晶线 1 /℃	共晶线 2 /℃	包晶温度 1 /℃	包晶温度 2 /℃	液相线 /℃
0					641.3*
5	570.3				613.1
10	572.1				598.9
14	569.9				
18	569.5				587.8
28	570.7		598.2		637.9
35	569.9		597.3	636.2	747.2
40	567.2		595.6	634.7	795.7
45	563.4		593.7	633.4	808.3
48				633.2	821.4
50				632.1	822.9
55		578			806.1
60		593.2			770
65		608.7			765.1
75		596.2			678.5
80		589.7			655.6
90		593.5			632.3
95					664.1
100					738.4*

* 纯物质的温度是在 DTA 升温曲线上得到的。

3.1.4.2　化合物晶体结构分析

CsBr 摩尔百分数 72% 到 52% 的衍射谱图见图 3.4。

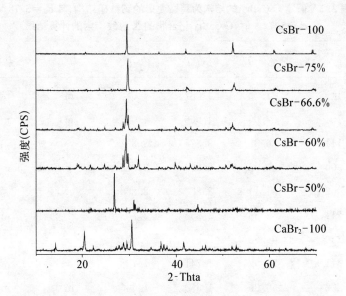

图 3.4 CsBr－CaBr$_2$ 熔盐体系的一些 X 射线衍射谱图

因为 CsCaBr$_3$ 的容忍因子(t)等于 0.876。按照哥希米德 (Goldschmidt) 的概念,它很容易形成钙钛矿结构。原子参数-支持向量机方法也预报 CsCaBr$_3$ 化合物具有钙钛矿结构。按照这个预报结果,我们对 CsCaBr$_3$ 化合物的 X 射线衍射谱图进行指标化,指标化结果列于表 3.2。我们假定 CsCaBr$_3$ 的结构为钙钛矿结构,其 $a_0 = 5.78$ Å, $c_0 = 5.72$ Å 时,晶面间距(d)和衍射线条的相对强度的理论计算值(I_{calc})与实验数据(I_{obs})符合得很好,所以,可以确定 CsCaBr$_3$ 的结构为稍稍有点变形的钙钛矿结构。CsCaBr$_3$ 结构中各原子排列如图 3.5 所示。

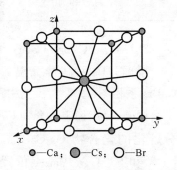

图 3.5 CsCaBr$_3$ 的钙钛矿结构

表 3.2　假定 CsCaBr$_3$ 的结构为稍微变形的钙钛矿结构，其 $a_0 = 5.78$ Å，
$c_0 = 5.72$ Å 时，CsCaBr$_3$ 化合物的 X 射线衍射的计算结果

hkl	$2\theta/(°)$	$d_{calc}/$Å	$d_{obs}/$Å	I_{calc}	I_{obs}
110	21.72	4.087	4.088	m	m
101	22.00	4.066	4.036	m	m
111	26.82	3.325	3.321	vs	vs
200	30.96	2.890	2.886	s	s
002	31.14	2.860	2.869	s	s
211	38.38	2.356	2.343	m	m
220	44.66	2.044	2.027	s	s
311	52.92	1.741	1.728	s	m
222	55.06	1.663	1.666	m	m
320	58.06	1.603	1.587	w	w
321	59.9	1.544	1.542	w	w
400	64.86	1.445	1.436	w	w
004	65.48	1.43	1.424	w	w
411	69.46	1.362	1.352	w	w

3.1.4.3　CsBr - CaBr$_2$ 相图

根据 DTA 和高温、常温 X 衍射分析的结果，我们可以画出 CsBr - CaBr$_2$ 系相图(图 3.6)。图中可见，该体系有一个具有稍稍变形钙钛矿结构的 1：1 稳定化合物 CsCaBr$_3$，它的熔点是 823℃；还有两个异分熔化的化合物 Cs$_2$CaBr$_4$ 和 Cs$_3$Ca$_2$Br$_7$。相应的转熔点温度为 597℃ 和 635℃。共晶点位置是 570℃，86 mol% CsBr 和 590℃，13 mol% CsBr。

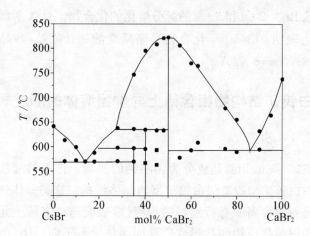

图 3.6　CsBr‑CaBr₂ 熔盐体系相图

3.1.5　讨论

本文工作结果证实了原子参数‑支持向量机方法对 CsBr‑CaBr₂ 系存在中间化合物的预测。

按照鲍林关于复杂离子晶体稳定性的第四条规则[11]，在含有不同阳离子的晶体中，为了减少晶格内的库仑斥力，具有高离子电荷的阳离子彼此总是趋向于尽可能的远离。这意味着 CsBr‑CaBr₂ 体系的中间化合物中的大的单价阳离子 Cs⁺ 的存在能减少钙离子间的静电斥力。这正是这些中间化合物形成的驱动力。此外，文献[12]报道的 CsCl‑CaCl₂ 体系相图与 CsBr‑CaBr₂ 体系非常相似，也有三个中间化合物。这一点可以作为本文工作结果正确的一个旁证。

3.1.6　结论

用熔盐相图智能数据库和原子参数‑支持向量机方法预报 CaBr₂‑CsBr 熔盐体系能形成中间化合物，并用 DTA 和 XRD 方法测定该体系，制得 CsBr‑CaBr₂ 的相图，证实了预报的正确。根据制得的相图发现，该体系有一个 CsBr∶CaBr₂＝1∶1 的稳定化合物，还有

$CsBr：CaBr_2=2：1$ 和 $3：2$ 的异分熔化的化合物。对 X 射线衍射图谱指标化表明，$CsCaBr_3$ 化合物是略畸变的钙钛矿结构，晶胞常数 $a_0=5.78Å，c_0=5.72Å$。

3.2 白钨矿结构物相含稀土异价固溶体的形成规律

3.2.1 引言

白钨矿(scheelite)是成分为钨酸钙的矿物。许多钨酸盐和钼酸盐都具有白钨矿型或类似白钨矿型的晶体结构。这类晶体结构的一个特点是对异价离子有特别好的相容性，故能与许多稀土元素或过渡元素的钨酸盐或钼酸盐形成广泛固溶体。若干固溶体(如掺钕的钨酸钙)已用作激光材料，还有些固溶体具有催化或荧光性能。因此探讨此类固溶体的形成规律，在稀土材料设计方面是一个有意义的研究领域[13]。

我们建立的熔盐相图智能数据库[2,14-16]结合最近研究的原子参数-支持向量机方法(SVM)可用以总结或预报熔盐相图中间相的形成和晶体结构的规律，并能应用于稀土材料设计研究。本节用这些方法总结白钨矿型含稀土元素的异价固溶体的形成条件和晶格常数变化规律，结果如下所述。

3.2.2 数据和计算方法

本节引用白钨矿结构物相及其异价固溶体和相关的熔盐系相图的资料，来自文献[17-19]和我们研制的熔盐相图智能数据库；阳离子半径数据采用 Shannon 的离子半径数据[20]；钼酸离子和钨酸离子的半径则采用热化学半径作计算[9]。

本节采用的支持向量机算法(SVM)程序为自编的 ChemSVM 程序[22]。偏最小二乘法(PLS)和判别矢量法(Fisher 法)计算采用自编的 Master 程序[23]。计算在 Pentium IV 型微机上实现。

3.2.3 白钨矿型物相及其异价固溶体的形成规律

Ba，Sr，Ca，Pb 的钨酸盐和钼酸盐均形成白钨矿结构的晶体。其中有些能与稀土元素或其他三价元素的钨酸盐或钼酸盐形成连续固溶体，其他一些则生成有限固溶体或不形成显著的固溶体。运用原子参数-支持向量机算法研究这类固溶体的形成规律。取现有 15个白钨矿结构化合物系作训练样本集，定义其中形成连续固溶体的化合物系为"1"类样本，不形成连续固溶体的化合物系为"2"类样本（表 3.3）。

表 3.3　白钨矿与稀土元素或其他三价元素的钨酸盐或钼酸盐能否形成连续固溶体

体　　系	类别	R_{2+}	R_{3+}	R_-	X_{2+}	X_{3+}
$PbMoO_4 - Pr_2(MoO_4)_3$	1	1.29	1.126	2.54	1.6	1.2
$PbMoO_4 - Nd_2(MoO_4)_3$	1	1.29	1.109	2.54	1.6	1.2
$PbMoO_4 - Dy_2(MoO_4)_3$	1	1.29	1.027	2.54	1.6	1.3
$PbMoO_4 - Bi_2(MoO_4)_3$	2	1.29	1.17	2.54	1.6	1.8
$PbMoO_4 - La_2(MoO_4)_3$	1	1.29	1.16	2.54	1.6	1.1
$PbMoO_4 - Ce_2(MoO_4)_3$	1	1.29	1.143	2.54	1.6	1.2
$CaWO_4 - La_2(WO_4)_3$	1	1.12	1.16	2.57	1	1.1
$CaWO_4 - Sm_2(WO_4)_3$	1	1.12	1.079	2.57	1	1.3
$SrWO_4 - Nd_2(WO_4)_3$	1	1.26	1.109	2.57	1	1.2
$PbWO_4 - Bi_2(WO_4)_3$	2	1.29	1.17	2.57	1.6	1.8
$PbWO_4 - Ce_2(WO_4)_3$	1	1.29	1.143	2.57	1.6	1.2
$BaMoO_4 - Nd_2(MoO_4)_3$	2	1.42	1.109	2.54	0.9	1.2
$BaMoO_4 - Sm_2(MoO_4)_3$	2	1.42	1.079	2.54	0.9	1.3
$BaMoO_4 - Yb_2(MoO_4)_3$	2	1.42	0.985	2.54	0.9	1.3
$BaMoO_4 - Gd_2(MoO_4)_3$	2	1.42	1.053	2.54	0.9	1.3

以样本的有关离子半径(R)、电负性(X)构成数据文件,并作为特征变量构成多维模式空间。Fisher 法投影图(图 3.7)显示分类良好。

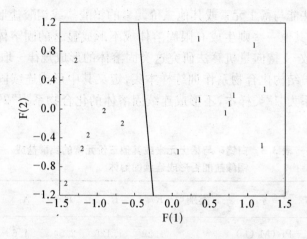

**图 3.7　白钨矿结构化合物与稀土元素钨酸盐或
钼酸盐形成固溶体的规律性(Fisher 法)**

F(1):$-3.187[R_{2+}-R_{3+}]+12.724[R_-]+1.360[X_{2+}]-3.644[X_{3+}]-28.839$;
F(2):$-7.171[R_{2+}-R_{3+}]-23.403[R_-]-1.122[X_{2+}]+0.490[X_{3+}]+61.906$
1—形成连续固溶体;　　　2—不形成连续固溶体

用 SVC 留一法交叉验证 LOOCV 分类的预测正确率 P_A 作为建模参数选择标准,计算发现在不同的核函数(LKF、PKF、RKF)及可调参数 C(范围从 1 到 200)下,样本 SVC 留一法预测正确率基本不随建模参数改变。因此我们选取简单的线性核函数,取可调参数 $C=100$ 建立支持向量分类(SVC)模型。在计算过程中线性核函数为

$$f(X) = \text{sgn}(\sum y_i \times \alpha_i \times k(X_i, X) + b)$$

下文中计算所用的线性核函数形式均同上式。SVC 求得形成连续固溶体的判据为

$$2.86 - 10.16 \mid R_{2+} - R_{3+} \mid + 1.92R_- + 3.16X_{2+} - 7.02X_{3+} > 0$$

$$(3.5)$$

此处 R_{2+}，X_{2+} 分别代表钨酸盐或钼酸盐中二价元素的阳离子半径和电负性；R_{3+}，X_{3+} 分别代表稀土元素的离子半径和电负性（因二价和三价阳离子在白钨矿晶格中配位数为8，上述阳离子半径均取配位数为8的值）。支持向量机分类判据留一法检验预报正确率为100%，即所建立的数学模型总结了白钨矿结构化合物形成连续固溶体的规律。

经验式(3.5)的物理意义可作如下理解：$\mid R_{2+} - R_{3+} \mid$ 小是形成广泛固溶体的重要条件；电负性也对实际离子间距有影响：阳离子元素电负性增大则其原子与氧原子间的键长缩短，二价离子电负性大，三价离子电负性小，则由于共价性对键长的收缩效应，半径小的三价离子与半径大的二价离子的尺寸差减小，这也有利于固溶体形成。

3.2.4 白钨矿型 $M^I M'^{III}(XO_4)_2$（X＝Mo，W）物相及其异价固溶体的形成规律

将白钨矿晶格中的二价钙离子用1∶1的一价金属（M^I）离子和稀土元素或其他三价元素（M'^{III}）离子取代，则形成通式为 $M^I M'^{III}(XO_4)_2$ 的白钨矿结构的化合物系列。许多这类含稀土元素的化合物与三价元素通式为 $M_2^{III}(XO_4)_3$ 的钨酸盐或钼酸盐（这些化合物具有带缺陷的类白钨矿结构）能形成广泛固溶体，另外一些则无显著固溶度。运用原子参数-支持向量机算法总结这类化合物晶型规律和形成广泛固溶体的规律。这类化合物能形成白钨矿结构的物质见表3.4，形成其他晶体结构的物质见表3.5。

以这些化合物组分的离子半径、电负性为特征量，作模式识别PLS法投影。如图3.8所示，可以看出两类化合物的代表点分布在不

表 3.4 $M^I M'^{III} (XO_4)_2 (X=Mo,W)$ 能形成
白钨矿结构物相的化合物

$LiY(MoO_4)_2$	$LiHo(MoO_4)_2$	$LiDy(WO_4)_2$	$NaYb(MoO_4)_2$	$NaGd(WO_4)_2$
$LiLa(MoO_4)_2$	$LiEr(MoO_4)_2$	$LiHo(WO_4)_2$	$NaLu(MoO_4)_2$	$NaDy(WO_4)_2$
$LiCe(MoO_4)_2$	$LiYb(MoO_4)_2$	$LiTb(WO_4)_2$	$KLa(MoO_4)_2$	$NaEr(WO_4)_2$
$LiPr(MoO_4)_2$	$LiLu(MoO_4)_2$	$LiDy(MoO_4)_2$	$KCe(MoO_4)_2$	$NaYb(WO_4)_2$
$LiNd(MoO_4)_2$	$LiPr(WO_4)_2$	$NaNd(MoO_4)_2$	$KPr(MoO_4)_2$	$NaEu(WO_4)_2$
$LiSm(MoO_4)_2$	$LiNd(WO_4)_2$	$NaSm(MoO_4)_2$	$KNd(MoO_4)_2$	$NaEr(MoO_4)_2$
$LiEu(MoO_4)_2$	$LiSm(WO_4)_2$	$NaEu(MoO_4)_2$	$NaY(WO_4)_2$	$NaLa(MoO_4)_2$
$LiGd(MoO_4)_2$	$LiEu(WO_4)_2$	$NaGd(MoO_4)_2$	$NaNd(WO_4)_2$	$NaPr(MoO_4)_2$
$LiTb(MoO_4)_2$	$LiGd(WO_4)_2$	$NaDy(MoO_4)_2$	$NaSm(WO_4)_2$	

表 3.5 $M^I M'^{III} (XO_4)_2 (X=Mo,W)$ 不能形成
白钨矿结构物相的化合物

$KSc(MoO_4)_2$	$KDy(MoO_4)_2$	$RbLa(WO_4)_2$	$CsDy(MoO_4)_2$
$KY(MoO_4)_2$	$KYb(MoO_4)_2$	$RbLu(WO_4)_2$	$CsHo(MoO_4)_2$
$KSm(MoO_4)_2$	$KSc(WO_4)_2$	$CsSc(MoO_4)_2$	$CsYb(MoO_4)_2$
$KEu(MoO_4)_2$	$KCe(WO_4)_2$	$CsPr(MoO_4)_2$	$CsLu(MoO_4)_2$
$KGd(MoO_4)_2$	$KNd(WO_4)_2$	$CsSm(MoO_4)_2$	$CsEr(WO_4)_2$
$KTb(MoO_4)_2$	$KEu(WO_4)_2$	$CsEu(MoO_4)_2$	$CsYb(WO_4)_2$
$KGd(WO_4)_2$	$KDy(WO_4)_2$	$CsGd(MoO_4)_2$	$CsLu(WO_4)_2$
$KTb(WO_4)_2$	$KYb(WO_4)_2$	$CsTb(MoO_4)_2$	

同区域。用支持向量机算法、线性核函数,取 $C=1\,000$,可得白钨矿结构的判别方程式:

$$126.00-27.21[R_+-R_{3+}]-37.20[R_-]-21.77\,X_+-2.58\,X_{3+}>0 \tag{3.6}$$

用留一法检验,预报正确率达 96.2%。从式(3.6)可以看出:一价与三价离子半径差是形成白钨矿结构的决定因素。因一价离子和三价离子都占有同类晶格点,两者半径相差过大显然不利于晶格稳定,这是可以理解的。

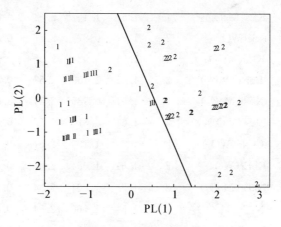

图 3.8 白钨矿结构的形成条件(PLS 法)

PL(1):$+2.845[R_+-R_{3+}]-2.425[R_-]-8.898[X_+]+1.971\,[X_{3+}]+10.320$;
PL(2):$+0.703[R_+-R_{3+}]+57.151[R-]-2.514[X_+]-4.506[X_{3+}]-138.122$
1—白钨矿结构; 2—非白钨矿结构

统计表明:非白钨矿结构的 $M^I\,M'^{III}(XO_4)_2$ 型化合物都不能与稀土元素的钼酸盐或钨酸盐形成显著固溶体,而白钨矿结构的 $M^I\,M'^{III}(XO_4)_2$ 型化合物也只有一部分与稀土元素的钼酸盐或钨酸盐形成连续固溶体。为总结规律,取能形成相应的连续固溶体的化合物和不形成连续固溶体的化合物的原子参数为特征量作模式识别分类。样本数据集见表 3.6。图 3.9 为 PLS 投影图。

表 3.6　白钨矿结构的 $M^I M'^{III}(XO_4)_2$ 型化合物与 $M'^{III}_2(XO_4)_3$ 能否形成连续固溶体数据

体　　　系	目标	R_+	R_{3+}	R_-	X_+	X_{3+}
$Nd_2(WO_4)_3 - NaNd(WO_4)_2$	1	1.18	1.109	2.57	0.9	1.2
$La_2(WO_4)_3 - NaLa(WO_4)_2$	1	1.18	1.16	2.57	0.9	1.1
$Nd_2(MoO_4)_3 - NaNd(MoO_4)_2$	1	1.18	1.109	2.54	0.9	1.2
$La_2(MoO_4)_3 - NaLa(MoO_4)_2$	1	1.18	1.16	2.54	0.9	1.1
$Gd_2(MoO_4)_3 - NaGd(WO_4)_2$	1	1.18	1.053	2.57	0.9	1.3
$La_2(MoO_4)_3 - KLa(MoO_4)_2$	1	1.51	1.16	2.54	0.8	1.1
$Sc_2(MoO_4)_3 - KSc(WO_4)_2$	2	1.51	0.87	2.57	0.8	1.3
$Lu_2(MoO_4)_3 - KLu(WO_4)_2$	2	1.51	0.92	2.57	0.8	1.7
$Nd_2(MoO_4)_3 - RbNd(WO_4)_2$	2	1.61	1.109	2.57	0.8	1.2
$Yb_2(MoO_4)_3 - KYb(MoO_4)_2$	2	1.51	0.985	2.54	0.8	1.3
$Sc_2(MoO_4)_3 - RbSc(WO_4)_2$	2	1.61	0.87	2.57	0.8	1.3
$Nd_2(MoO_4)_3 - CsNd(WO_4)_2$	2	1.74	1.109	2.57	0.75	1.2
$Er_2(MoO_4)_3 - RbEr(WO_4)_2$	2	1.61	1.004	2.57	0.8	1.3
$Er_2(MoO_4)_3 - NaEr(MoO_4)_2$	2	1.51	1.004	2.57	0.8	1.3
$Eu_2(MoO_4)_3 - NaEu(MoO_4)_2$	2	1.51	1.066	2.54	0.8	1.3
$Sc_2(MoO_4)_3 - CsSc(WO_4)_2$	2	1.74	0.87	2.57	0.75	1.3
$Sc_2(MoO_4)_3 - NaSc(WO_4)_2$	2	1.18	0.87	2.57	0.9	1.3
$Nd_2(MoO_4)_3 - NaNd(WO_4)_2$	2	1.18	1.019	2.57	0.9	1.2
$Dy_2(MoO_4)_3 - KDy(MoO_4)_2$	2	1.51	1.027	2.54	0.8	1.3
$Er_2(MoO_4)_3 - NaEr(MoO_4)_2$	2	1.18	1.004	2.54	0.9	1.3
$Dy_2(MoO_4)_3 - NaDy(MoO_4)_2$	2	1.18	1.027	2.54	0.9	1.3
$Ho_2(MoO_4)_3 - NaHo(MoO_4)_2$	2	1.18	1.019	2.54	0.9	1.2
$Y_2(MoO_4)_3 - NaY(MoO_4)_2$	2	1.18	1.015	2.54	0.9	1.3
$Er_2(MoO_4)_3 - CsEr(WO_4)_2$	2	1.74	1.004	2.57	0.75	1.3

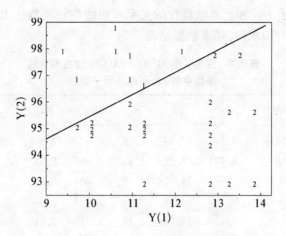

图 3.9 $M^I M'^{III}(XO_4)_2$ 和 $M'^{III}_2(XO_4)_3$ 形成固溶体的规律性

$Y(1)=4.93[R_+]+1.18[X_+]+3.38[X_{3+}]$;

$Y(2)=20.27[R_{3+}]+29.30[R_-]$

1—形成连续固溶体;   2—不形成连续固溶体

根据支持向量机分类计算,可以得到能形成连续固溶体的化合物的如下判据:

$$20.27[R_{3+}]-4.93[R_+]-1.18[X_+]-$$

$$3.38[X_{3+}]+29.30[R_-]-85.37>0 \qquad (3.7)$$

留一法检验预报正确率为 96.7%。

可以应用求得的经验判据式(3.7)预测未列入训练集的含稀土元素的钼酸盐或钨酸盐系形成固溶体的情况。例如:根据式(3.7)估计 $TlPr(MoO_4)_2 - Pr_2(MoO_4)_3$ 系固溶体形成情况,所得计算结果为负值,故判为不形成连续固溶体。此估计已为近年文献中发表的结果证实[24]。

3.2.5 白钨矿型 $M^I M'^{III}(XO_4)_2$ 物相的晶胞参数计算式

白钨矿型 $M^I M'^{III}(XO_4)_2$ 物相为四方晶型。其晶胞参数 a_0, c_0

与所含离子半径和元素电负性的关系可用线性核函数作支持向量机
回归（$C=100$）求得，样本数据见表 3.7。

表 3.7 白钨矿型 $M^I M'^{II}(XO_4)_2$ 物相系列的
晶胞参数 a_0、c_0 以及原子参数

化 合 物	a_0	c_0	R_+	R_{3+}	R_-	X_+	X_{3+}
$NaLu(MoO_4)_2$	5.149	11.19	1.18	0.977	2.54	0.9	1.3
$NaYb(MoO_4)_2$	5.171	1.228	1.18	0.985	2.54	0.9	1.3
$NaEr(MoO_4)_2$	—	11.228	1.18	1.004	2.54	0.9	1.3
$NaEr(MoO_4)_2$	5.185	11.27	1.18	1.004	2.54	0.9	1.3
$NaHo(MoO_4)_2$	5.197	11.298	1.18	1.015	2.54	0.9	1.3
$NaGd(WO_4)_2$	5.242	11.384	1.18	1.053	2.57	0.9	1.3
$NaEu(WO_4)_2$	5.253	11.407	1.18	1.066	2.57	0.9	1.3
$NaSm(WO_4)_2$	5.267	11.444	1.18	1.079	2.57	0.9	1.3
$NaSm(MoO_4)_2$	5.261	1.47	1.18	1.079	2.54	0.9	1.3
$NaPr(MoO_4)_2$	5.31	1.538	1.18	1.126	2.54	0.9	1.2
$NaNd(MoO_4)_2$	5.286	11.56	1.18	1.109	2.54	0.9	1.2
$NaPr(WO_4)_2$	5.342	11.615	1.18	1.126	2.57	0.9	1.2
$NaLa(MoO_4)_2$	5.344	11.73	1.18	1.16	2.54	0.9	1.1
$NaLa(WO_4)_2$	5.357	11.743	1.18	1.16	2.57	0.9	1.1
$KCe(MoO_4)_2$	—	12.06	1.51	1.143	2.54	0.8	1.2
$KLa(MoO_4)_2$	5.443	12.16	1.51	1.16	2.54	0.8	1.1
$NaYb(WO_4)_2$	5.177	—	1.18	0.985	2.57	0.9	1.3
$NaEr(WO_4)_2$	5.196	—	1.18	1.004	2.57	0.9	1.3
$NaY(MoO_4)_2$	5.198	—	1.18	1.019	2.54	0.9	1.2
$NaDy(MoO_4)_2$	5.208	—	1.18	1.027	2.54	0.9	1.3
$NaDy(WO_4)_2$	5.217	—	1.18	1.027	2.57	0.9	1.3
$NaGd(MoO_4)_2$	5.235	—	1.18	1.053	2.54	0.9	1.3
$NaEu(MoO_4)_2$	5.245	—	1.18	1.066	2.54	0.9	1.3
$NaY(WO4)_2$	5.294	—	1.18	1.109	2.57	0.9	1.2

$$a_0 = 3.33 + 0.13[R_+] + 0.35[R_{3+}] + 0.84[R_-] -$$
$$0.43[X_+] - 0.28[X_{3+}] \tag{3.8}$$

$$c_0 = 12.87 + 0.58[R_+] + 0.67[R_{3+}] - 1.92[X_+] - 0.89[X_{3+}] \tag{3.9}$$

计算值与实测值对比如图 3.10 所示。留一法预报平均相对误差分别为：0.543%、0.747%。

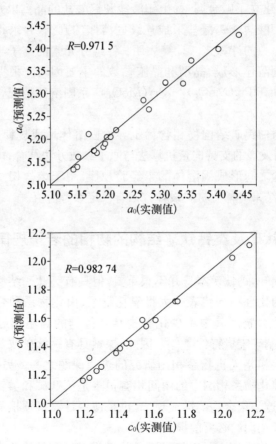

图 3.10　晶格常数 a_0，c_0 的计算值与实测值的比较

$M^I M'^{III} (XO_4)_2$ 型化合物的晶胞参数计算式可作如下理解：三种离子半径增大则元胞增大；金属元素电负性增大，则其原子与氧原子间化学键的共价性增强，导致键长缩短，因此电负性系数为负值。

3.2.6 结论

运用原子参数-支持向量机算法和熔盐相图智能数据库技术，研究了白钨矿型钼酸盐、钨酸盐和含稀土钼酸盐、钨酸盐形成异价固溶体的条件，建立了碱金属-稀土钼酸盐和钨酸盐的晶型以及这些化合物与稀土钼酸盐或钨酸盐形成连续固溶体的判据，并求得这类化合物的晶胞参数的计算式。计算表明：各组分元素的离子半径和电负性是影响固溶体形成、晶型和晶胞参数的主要因素。根据本文所得经验式估计 $TlPr(MoO_4)_2 - Pr_2(MoO_4)_3$ 系固溶体情况与实测结果一致。

通过对白钨矿结构物相含稀土异价固溶体形成规律的研究，可以看出：新发展的支持向量机算法与原子参数方法结合，能够总结一些含氧酸盐之间形成固溶体的半经验规律，用于熔盐相图智能数据库，其计算结果对稀土材料设计方面有一定参考价值。

3.3 钙钛矿及类钙钛矿结构的物相的若干规律性

众所周知，钙钛矿本身并不很重要，但具有钙钛矿结构或类似钙钛矿结构的化合物却代表一大批氧化物系、卤化物系和合金系相图中的中间化合物。其中不少化合物具有优越的高温超导、铁电、压电、激光调制等宝贵特性[25,26]。因此，探索具有钙钛矿或类似钙钛矿结构的新物相是无机物系相图研究的热门课题之一。另一方面，氧化物系和卤化物系相图中的中间相有很多是钙钛矿和类钙钛矿型化合物，研究这类化合物的形成规律，也是使用计算机预报氧化物和卤化物系未知相图的必要前提。

近几十年来国内外对钙钛矿结构及类钙钛矿结构化合物的若干

规律进行了大量的研究,总结出了许多半经验判据和数学模型。原子参数-模式识别方法以常用的原子参数(如电负性、原子或离子半径、价电子数等)作为自变量,把性质已知的该类化合物作为训练集,运用各种模式识别算法找出其中的规律性。

本节运用原子参数-模式识别方法,对具有钙钛矿及类钙钛矿结构的化合物的若干规律性进行了研究,求得了判别钙钛矿结构形成和晶格畸变的有效判据,提出了表征夹层化合物形成条件和晶胞参数的半经验判据和方程式,并建立了钾冰晶石结构形成条件和计算晶胞常数的数学模型。此外,用模式识别方法研究了合金系形成钙钛矿型中间相的规律,求得合金系形成钙钛矿型中间相的判据和计算钙钛矿型中间相的晶胞参数的经验式。

3.3.1 钙钛矿结构的复卤化物的若干规律性

3.3.1.1 引言

钙钛矿本身并非十分重要的矿物,但许多具有钙钛矿或类钙钛矿结构(perovskite-like structure)的一大批化合物却是多种功能材料的重要开发对象。例如:具有钙钛矿结构层的含铜复氧化物组成一族性能优秀的高温超导体,钙钛矿晶格衍生结构的钾冰晶石型化合物 $Cs_2NaPrBr_6$ 等是磁光材料,钙钛矿结构为基的若干固溶体可作隐身材料等等。另一方面,钙钛矿和类钙钛矿型化合物是氧化物系和卤化物系相图很常见的中间相,研究这类化合物的形成规律,也是对氧化物和卤化物系未知相图进行计算机预报的必要前提。本节目的在于探索钙钛矿结构的形成条件和晶格畸变规律,以及晶格常数的估算方法。

关于钙钛矿结构的形成条件,地球化学家 Goldschmidt 曾提出"允许因子"(Tolerance factor)这一著名论断,即认为对于化合物 ABX_3,允许因子为

$$t = \frac{R_A + R_X}{\sqrt{2}(R_B + R_X)}$$

此处各 R 值为相应元素的离子半径。Goldschmidt 指出：若 t 值在 0.8~0.9 之间，则形成钙钛矿结构。这一判据直到今日仍被广泛引用。但由于近年发现许多新钙钛矿型化合物，其允许因子略偏在外，故有作者提出应将范围扩大到 0.75~1.00。仔细考察所有 0.75 < t < 1.00 的 ABX₃ 型化合物容易发现，Goldschmidt 提出的允许因子只是钙钛矿结构形成的必要条件而非充分条件。事实上有大批的允许因子在此范围但却以其他结构存在的化合物。因此，为了给探索新材料的工作提供更有效的钙钛矿结构的形成判据，有必要对此问题作进一步探索。

有关钙钛矿结构的另一重要课题，是有关钙钛矿晶格畸变规律的研究。众所周知，许多钙钛矿型化合物的晶格畸变与压电、激光调制、高温超导性质密切相关，为材料科学家所关注。而单靠允许因子一个参数并不能对某一化合物是否有晶格畸变作出有效判断。因此这是本工作研究的另一目标。

3.3.1.2 模型和研究方法

1. 钙钛矿结构的几何模型

典型的钙钛矿结构如图 3.11 所示。容易看出，要形成稳定的典型的钙钛矿结构，需要满足下列三个基本条件：① BX₆ 必须形成稳定的正八面体；② AX₁₂ 必须形成稳定的正多面体；③ B—X、A—X 键应为典型的离子键，否则不能简单地使用离子半径计算键长而不加修正；④ 上述两种多面体必须在尺寸上吻合，形成钙钛矿结构，换言之，应有下列关系：

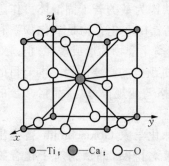

○—Ti ； ●—Ca ； ○—O

图 3.11 典型的钙钛矿结构

$$\frac{R_A + R_X}{\sqrt{2}(R_B + R_X)} = 1.0 \quad (3.10)$$

式(3.10)和 Goldschmidt 提出的 t 因子的公式极其相似，但却等于

1.0而非0.8～0.9。

事实上,如果我们不用 Goldschmidt 制定离子半径表的数值,而改用近年来 Shannon-Muller 规定的结晶化学离子半径表所给出的值(该表对同种离子不同配位时给出不同的值)[25],将 A 的半径取配位数为 12 的值,B 的半径取配位数为 6 的值,则大多数立方结构的钙钛矿化合物的 t 值就不在0.8～0.9之间,而在1.0左右(若干实例见表3.8)。

表 3.8　根据 Shannon-Muller 离子半径计算的若干
立方钙钛矿结构的化合物的允许因子值

化 合 物	允许因子值	化 合 物	允许因子值
SrTiO	0.989	TlCoF	1.054
BaZrO	1.000	RbZnF	1.040
CsCdF	0.996	CsHgCl	0.922
CsCaF	0.975	CsCdBr	0.934
CsHgF	0.966		

由此可见:Goldschmidt 规定 t 因子为0.8～0.9而不在1.0左右,主要是由于他使用了一套忽略配位数对离子半径影响的离子半径值体系所致。

从上述观点也可看出:钙钛矿结构的形成,固然和允许因子 t 有关,但同时也和 BX_6 正八面体、化学键的离子性等因素有关。因此除了允许因子 t 外,将各元素的离子半径、电负性以及影响配位场的参数都考虑在内显然是必要的。

2. 计算用数据

本文报道卤化物和合金系形成的钙钛矿结构的规律,各种具有钙钛矿结构和其他结构的 ABX_3 型化合物样本,系引自 Muller,Galosso 等发表的文献[25-28]。

3. 计算用软件

本工作采用我们自编的数据挖掘软件"Materials Research Advisor"(第二版)。该软件已在相图计算等许多工作中应用过。近来增加了适合从小样本集中提取信息的新算法。

3.3.1.3 计算结果

1. 卤化物系形成钙钛矿结构物相的原子参数判据

以允许因子 t、离子半径、电负性和表征配位场对中心离子四面体和八面体影响的能量差的参数 D_q 张成多维空间,对形成钙钛矿结构的化合物和以其他晶型(六方钛酸钡结构,NH_4CdCl_3 结构)存在的化合物代表点作模式识别分析。投影图如图 3 - 12 所示。

可以看出:两类化合物的代表点分布在不同区域,其间有明显分界。

2. 钙钛矿型复卤化物晶格畸变的规律性

以与上节相同的原子参数组成的参数集张成多维空间,作模式识别投影,其结果如图 3.13 所示。

3. 估算立方钙钛矿型化合物的晶格常数的经验式

从几何模型可知,计算表明:立方结构的钙钛矿型化合物的晶格常数应为 B—X 键长的 2 倍。但此键长并不能简单地用离子半径和计算,因为部分共价性以及 A 离子的尺寸都会影响这一键长。取离子半径和与此键长实测值之差 δ:

$$\delta = (R_B + R_X) - D_{(B-X)}$$

用 PLS 方法计算 δ 与原子参数的回归方程,结果有明显的线性对应关系:

$$\delta = 0.017\,7 - 0.023\,5(X_X - X_B) - 0.702\,6R_A + 1.118\,3R_B + 0.172\,6R_X$$

换言之,X、B 间电负性差小(部分共价性强),则键长缩短多;A 离子大,则键长缩短少。从化学键理论看,这是可以理解的。

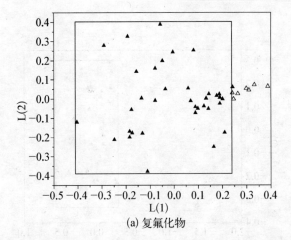

(a) 复氟化物

图中 L(1) 和 L(2) 分别为复氟化物各元素原子参数的线性组合：

L(1)：$0.400[t] + 0.589[R_a] - 0.908[R_b] + 8.696E-2[X_a] + 1.032E-3[X_b] - 0.456$

L(2)：$0.234[t] + 0.269[R_a] + 0.892[R_b] + 9.076E-2[X_a] + 0.306[X_b] - 1.864$

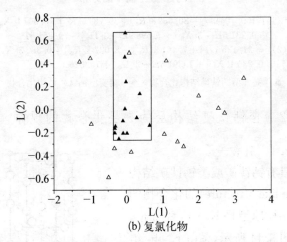

(b) 复氯化物

图中 L(1) 和 L(2) 分别为复氯化物各元素原子参数的线性组合：

L(1)：$182.340[t] - 45.593[R_a] + 55.160[R_b] - 0.591[X_a] + 2.409E - 2[X_b] + 4.735[R_x] - 2.209[X_x] - 140.133$；

L(2)：$-40.831[t] + 12.892[R_a] - 13.858[R_b] - 6.797E-2[X_a] - 0.651[X_b] - 1.393[R_x] + 0.650[X_x] + 29.952$

图 3.12 钙钛矿结构化合物与其他结构的化合物在原子参数空间中的分布

▲—形成钙钛矿结构化合物；△—以其他晶型存在的化合物

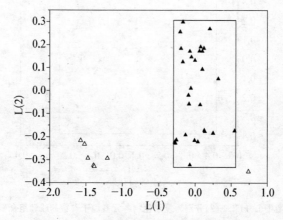

**图 3.13   立方型和畸变型钙钛矿结构化合物
在原子参数空间中的分布**

L(1)：100.104 9[t] − 30.669 8[R_a] + 39.784 0[R_b] + 0.307 1[X_a] −
9.231 6E − 3[X_b] + 7.598 9E − 3[D_q] − 79.851 6；

L(2)：−21.136 7[t] + 7.451 3[R_a] − 8.027 1[R_b] + 0.382 3[X_a] −
0.235 1[X_b] + 1.391 6E − 2[D_q] + 15.026 4

▲—立方型钙钛矿结构化合物；△—畸变型钙钛矿结构化合物

3.3.2   含钙钛矿结构层的夹层化合物的规律

3.3.2.1   引言

许多具有钙钛矿或类钙钛矿结构
（perovskite-like structure）的化合物的
最简单的结构原型是 K_2NiF_4 型晶格。
其结构如图 3.14 所示，系由 $KNiF_3$ 组
成的钙钛矿结构层和 KF 组成的立方
结构层交替堆垛而成。更为复杂的夹
层结构是一层以上的钙钛矿结构与一
层或一层以上的其他结构交替堆垛的
产物。研究这些夹层的类钙钛矿结构

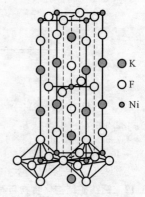

图 3.14 K_2NiF_4 晶体的夹层结构

化合物的形成条件和晶型规律,可为新材料探索提供有用信息。

文献[29]讨论夹层的类钙钛矿结构的形成条件时,沿用 Goldschmidt 提出的 t 因子为判据。认为 $0.8 < t < 1.0$ 是这类夹层化合物的形成判据。事实上,夹层类钙钛矿结构的形成条件和钙钛矿并不一致,文献[30]企图用 K_2NiF_4 结构因离子配位数不同,因而晶格内应力不同来解释钙钛矿结构和 K_2NiF_4 结构热力学稳定性的差异。但他用内应力并未能提出这两类化合物形成的符合实际的判据。为此,这一课题有重新研究的必要。

3.3.2.2 离子晶体夹层化合物的静电能-几何匹配模型

根据图 3.14 所示的夹层化合物晶格结构,提出有关其形成条件的结晶化学模型,其要点为:① 夹层化合物中的高价阳离子间的距离因被低价离子层隔离而增大,从而使高价阳离子间的静电互斥势能下降,是推动夹层化合物形成的动力(Forland 研究熔盐熔液统计理论时,曾论证阳离子互斥力变化对热力学性质的影响,故可称这类现象为 Forland 效应[31])。② 夹层化合物不同层间晶格尺寸不同,互相匹配造成内应力,即失配效应(misfit effect),是形成夹层化合物的阻力。Forland 效应和失配效应共同决定夹层化合物的形成、稳定性和晶格尺寸。以图 3.14 的 K_2NiF_4 结构为例:和钙钛矿结构相比,K_2NiF_4 结构中的 Ni^{2+} 离子层间的距离较远。因 Ni^{2+} 在此为高价离子,其层间距增加可导致内能和自由能下降(Forland 效应),从而产生夹层间的化学亲和力。可以认为这是这类夹层化合物形成的推动力。对于具有 A_2BX_4 通式的 K_2NiF_4 型化合物,高价离子层间的静电势因有夹层而减少的数值可用下列参数近似表征:

$$\delta = \frac{Z^2}{2(R_A + R_X)} - \frac{Z^2}{2(R_B + R_X) + (R_A + R_X)} \tag{3.11}$$

此处 Z 为高价离子的电荷数,各 R 值代表各离子的半径。从图 3.14 还可看出,晶体为了维持长程有序,夹层间离子排布必须对应,以 K_2NiF_4 为例,夹层间必须维持下列关系:

$$a_0 = \sqrt{2}D_{(K-F)} = 2D_{(Ni-F)} \qquad (3.12)$$

此处 a_0 为 K_2NiF_4 型化合物的晶胞参数。根据 K_2NiF_4 晶体结构的实测数据,其 KF 层的 K、F 离子间距(权重平均值)大致与六配位的 K^+ 离子半径(1.52 Å)相等,故可以六配位的 K^+ 离子半径代入下式,作为表征其晶格匹配的参数:

$$t' = \frac{R_K + R_F}{\sqrt{2}(R_{Li} + R_F)} \qquad (3.13)$$

上述论证应可适用于这类夹层化合物的一般情况:作为夹层结构形成的推动力,A_2BX_4 晶格中高价离子的离子电荷数 Z 愈大、半径愈小,则愈有利于夹层结构的形成和稳定;作为阻力表征,t' 值远小于 1.0 时,夹层结构即难于形成。当晶格中的化学键具有部分共价性时,夹层化合物的稳定性应与电负性有关,故电负性差 ΔX 也应是影响夹层化合物生成阻力的一个因素。

根据上述模型,δ,t' 和 ΔX 都应是决定夹层化合物是否生成的因素,应可用以作为自变量总结夹层化合物的形成规律。图 3.15 为用这三个变量张成的空间中生成复卤化物呈钙钛矿结构同时也生成夹层化合物的化合物代表点("1"类样本)和只生成钙钛矿结构不生成

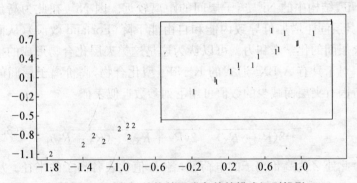

图 3.15 K_2NiF_4 结构的形成条件的模式识别投影

1—生成夹层化合物;   2—不生成夹层化合物

夹层化合物的代表点（"2"类样本）的分布的模式识别投影，从中可看出规律甚好。两类样本的分类判据可表示为

$$55.55\delta + 3.11t' - 1.69(X_X - X_B) \geqslant 2.77 \qquad (3.14)$$

即代表推动力的参数 δ 愈大，愈易生成夹层化合物；代表阻力的 t' 距 1.0 愈远，愈难生成夹层化合物；电负性差愈小，部分共价性愈强，使 B—X 键愈缩短，即内应力减小，愈有利于夹层化合物形成。

应当指出：本文提出的参数 t'，虽然数学形式和 Goldschmidt 的 t 参数一样，其物理意义并不相同，它表征夹层间匹配程度。

为验证上述判据的预报能力，我们对 $CsBr$ - $PbBr_2$ 等未列入训练集的二元系形成夹层化合物的情况作判断，结果表明不生成夹层化合物，此结果已为最近的实测相图所证实[32]。

3.3.2.3 夹层化合物的晶格常数

从图 3.14 可看出：K_2NiF_4 型化合物的晶胞参数 a_0 应等于其 B—X 键长的 2 倍。但其实测值恒较 B、X 离子半径和的 2 倍略短。对于复卤化物，其差值 Δ 和原子参数的关系可表达如下：

$$\Delta = 0.345R_X - 1.488t' + 0.090\,3(X_X - X_B) \qquad (3.15)$$

对于复卤化物，其 K_2NiF_4 型化合物的晶胞参数 c_0 常较相应的离子半径和略长。其差值 Δ' 和原子参数的关系可表达如下：

$$\Delta' = -8.115t' + 0.994R_I + 0.743(X_I - X_B) - 0.408(X_I - X_A) + 5.539 \qquad (3.16)$$

对于 K_2NiF_4 型复氧化物，因有各种价型，尚需考虑离子价数的影响。其 a_0 差值 Δ 可表达如下：

$$\Delta = -1.085t' - 0.049\,3(Z_B - Z_A) + 1.179 \qquad (3.17)$$

其 c_0 差值 Δ' 可表达为

$$\Delta' = 27.648t' - 10.85R_a + 15.200R_b + 0.126\,2(Z_b - Z_a) - 21.863 \qquad (3.18)$$

3.3.2.4 讨论

如前所述,一个夹层中的离子的原子参数,能对夹层化合物的其他夹层的结构发生影响。这一现象可能用以调控材料的关键部位的微结构,从而达到调控材料性能的目的。例如,文献[33]指出:高温超导的超导体复氧化物的 Cu—O 层中的 Cu—O(1)—Cu 键角以及 Cu—O 键长对超导转变温度 T_c 影响甚大。故改变具有 $MA_2'A_2''Cu_2O_{8+\delta}$ 通式的"1222"型高温超导化合物系列中的元素 M,就有可能影响 Cu—O 键长和 Cu—O(1)—Cu 键角,从而影响 T_c 值。图 3.16、

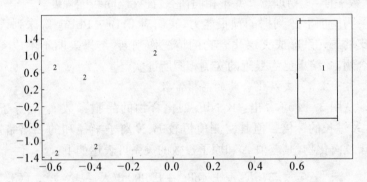

图 3.16 1222 型超导化合物 Cu—O—Cu 键角和原子参数的关系
1—键长大于 1.91Å;   2—键长小于 1.92Å

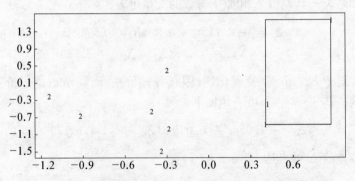

图 3.17 1222 型超导化合物 Cu—O 键长和原子参数的关系
1—键长大于 1.91Å;   2—键长小于 1.92Å

图 3.17 和图 3.18 分别表示若干 1222 型化合物的元素 M 的原子参数和各化合物晶格中的 Cu—O 键长,Cu—O(1)—Cu 键角,以及超导转变温度 $T_c^{[34]}$ 的对应关系。可以看出明显的规律性。说明这是一个有应用前景值得进一步研究的方向。

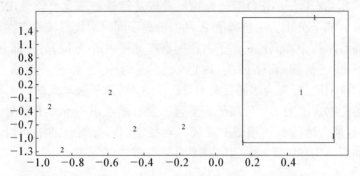

图 3.18　1222 型超导化合物超导转变温度和原子参数的关系

1—$T_c > 30\,\mathrm{K}$;　　　　2—$T_c < 30\,\mathrm{K}$

3.3.3　钾冰晶石型化合物的结晶化学规律

3.3.3.1　引言

如何预报三元系中未知三元化合物的形成,是计算机预报三元相图的关键难题。钾冰晶石(elpasolite)是许多 AX_3 - BX - CX 型熔盐相图常见的三元化合物,研究其形成规律为这类三元熔盐相图的预报所必需。钾冰晶石代表一大批由异价离子置换的钙钛矿结构的化合物。其中许多是可以用同象置换掺杂稀土或过渡金属离子的立方晶体,是功能材料开发的研究对象。最近,Безносков 提出了钾冰晶石结构的形成和晶格畸变的判据[35],并提出了尚未合成的化合物的名单。但他的判据忽视了我们已提出的钙钛矿结构形成的一些必要条件,因此有些预报结果与实验结果不符。例如,他忽视了钙钛矿结构必须形成 BX_6 八面体的要求,预报若干含铝的碘化物和溴化物也能形成立方钾冰晶石结构,此结果与一些相图实验测定的结果相矛盾[36]。又如,他提出的立方晶格形成判据 μ 需要以实测键长为依据,使用也不方便。因此我们用原子参数-模式识别方法对钾冰晶石型化合物的形成和晶格畸变规律重新进行研究。

3.3.3.2 钾冰晶石晶格结构的几何模型

冰晶石(Na_3AlF_6)型化合物可看成是钙钛矿型化合物 ABX_3 的二价 B 离子分别为一价离子 A' 和三价离子同时取代形成的产物。在冰晶石结构中,部分 A' 离子占据钙钛矿晶格中的 A 位,另一部分 A' 离子和三价离子都成为 BO_6 八面体的中心离子。钾冰晶石(K_2NaAlF_6)可视为冰晶石中十二配位的 Na 离子被较大的钾离子取代的产物。不同的一价离子更适合冰晶石晶格中一价离子的两种微环境,使钾冰晶石在相图中表现为较稳定的同分熔化的中间相。钾冰晶石结构和钙钛矿结构的对照图如图 3.19 所示。

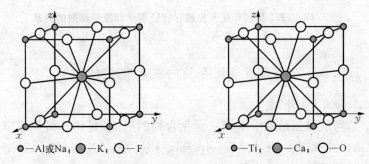

●—Al或Na; ◉—K; ○—F   ●—Ti; ◉—Ca; ○—O

图 3.19　典型的钾冰晶石结构(左图)和钙钛矿结构(右图)

典型的钾冰晶石结构为立方结构,已发现的立方结构的钾冰晶石型的化合物包括 Cs_2NaMF_6(M＝Sc, In, Yb, Tl, Er, Y, Ho, Dy, Tb, Sm),Rb_2NaMF_6(M＝Al, Ni, Co, Cr, Ga, V, Fe, Mn, Sc, In, Yb, Tm, Er, Y, Ho, Dy, Tb, Gd, Eu, Sm, Ce , Bi),Tl_2NaMF_6(M＝Al, Cr, Ga, V, Fe, Sc),K_2NaMF_6(M＝Al, Co, Cr, Ga, V, Fe, Mn, Ti, Sc, In, Tl, Y, Dy),Cs_2KMF_6(M＝Al, Co, Cr, Ga, V, Mn, Ti, Sc, In, Y, Ho),Rb_2KMF_6(M＝Al, Co, Cr, Ga, V, Mn, Ti, Sc, In),Tl_2KMF_6(M＝Al, Cr, Ga, V, Fe,

Sc)，Cs_2TlMF_6(M＝Al，Cr，Ga，V，Fe，In)，Rb_2TlMF_6(M＝Al)，
Cs_2RbMF_6(M＝Al，Cr，In，Y，Ho，Dy，Ce)，Rb_2LiMCl_6(M＝Sc，
In，Tm，Lu，Er，Ho，Gd，Eu)，Tl_2LiMCl_6(M＝Sc，Lu，Yb，
Tm)，K_2LiMCl_6(M＝Sc，Tm)，Cs_2NaMCl_6(M＝Cr，Fe，Ti，In，
Lu，Yb，Tm，Tl，Er，Dy，Tb，Gd，Eu，Sm，Nd，Pr，Ce，La，
Bi)，Rb_2NaMCl_6(M＝Cr，Y，Sc，Lu，Yb，Tm，Er，Y，Ho，Dy，
Gd，Eu)，Tl_2NaMCl_6(M＝Cr，Sc，Tm)，K_2NaMCl_6(M＝Cr)，
Cs_2KMCl_6(M＝Cr，Sc)，Cs_2NaMBr_6(M＝Sc，Tm，Y，Ho，Dy，
Gd，Sm，Nd，Ce)，Cs_2KMBr_6(M＝Sc，Tm)等。除此以外，尚有若
干具有畸变结构的钾冰晶石型化合物，以及同价型的其他结构的化
合物。钾冰晶石的通式可表达为 $A_2BB'X_6$。由于有两种 B 离子，可取
两种 B 离子的半径的平均值：

$$R'_B = \frac{(R_B + R_{B'})}{2}$$

求钾冰晶石结构的容许因子：

$$t = \frac{(R_A + R_X)}{\sqrt{2}(R'_B + R_X)}$$

和钙钛矿结构一样，合适的容许因子只能看成钾冰晶石结构形成的
必要条件但非充分条件。即使单从几何因素看，另一必要条件显然
是 B、B'离子和 X 离子的半径比必须保证能形成稳定的 BX_6 八面体
结构。如果 B 或 B'离子半径和 X 离子半径相比太小，以致阴离子间
排斥势能过大时，就不可能形成稳定的钾冰晶石结构。如前述，当 M
为小半径的铝离子时，氯化物、溴化物、碘化物就不能形成钾冰晶石
结构。事实上，已测定的 Cs，Na，Al｜Cl，K，Na，Al｜Cl，Cs，Na，Al｜
Br，Cs，Na，Al｜I 等三元系相图均未发现钾冰晶石型化合物[36]。文
献[37]认为：用容许因子可以预报钾冰晶石结构形成与否，也可判别
钾冰晶石晶格是否畸变。考察全部已知样本数据表明：这样做结果
误报较多。图 3.20 表示容许因子和立方型钾冰晶石形成的关系。可

以看出,仅用容许因子一个参数不足以有效判别立方型钾冰晶石是否形成。

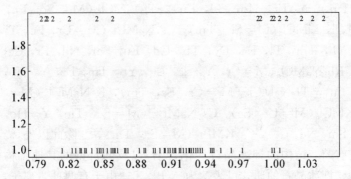

图 3.20   容许因子和立方型钾冰晶石形成的关系
1—立方型钾冰晶石结构的化合物;
2—畸变钾冰晶石或非钾冰晶石结构的化合物

3.3.3.3   立方型钾冰晶石结构的晶胞常数的计算

从上述几何模型可知:立方钾冰晶石晶胞尺寸应等于 B—X,B′—X 键长之和。但参照本文 3.3.1 部分的论证可知,上述键长并不等于相应的离子半径和。原因是化学键的部分共价性以及 A 离子的大小都有影响。仿照 3.3.1 部分的方法,定义晶胞尺寸相对于离子半径和的收缩值 δ 如下:

$$\delta = a_0 - 2(R_X - R_{B'})$$

用 PLS 回归法总结已测晶胞参数的钾冰晶石的数据,求 δ 值和原子参数的关系,得下式:

$$\delta = 3.914\,0 - 3.593\,2t - 0.053\,2(X_X - X_B) - 0.005\,3(X_X - X_{B'})$$

此式的物理意义容易理解:容许因子大(对应 A 离子大),则晶胞尺寸大(即收缩小),X—B,X—B′键共价性强时(即电负性差小时),键长偏离离子半径和更多(收缩大)。这和 3.3.1 部分关于钙钛矿的晶胞常数的公式是相似的。由此可见,影响晶格几何形状的另一因子是由电负性差表征的部分共价性。它也是决定晶格稳定性的另一因子。应当将电负性也作为研究钾冰晶石形成条件的原子参数。

3.3.3.4 立方晶型的钾冰晶石结构的形成条件

以上研究结果表明：除容许因子 t 外，B、B$'$ 和 X 的离子半径比和电负性差也都是重要影响因素。因此可用这三种原子参数来总结立方钾冰晶石型化合物的形成条件。由此可得立方钾冰晶石结构形成的判据：

$$0.20 > 2.508t + 0.136\,9(X_X - X_B) - 0.038\,08\left(\frac{R_{B'}}{R_X}\right) - 0.041\,0(X_X - X_B)$$

$$> -0.16$$

为验证上式的预报能力，取近年发现的、未列入训练集的两个钾冰晶石型化合物，即 $Cs_2NaPrBr_6$ 和 $Cs_2LiErCl_6$ 作为"预报"对象，预报结果表明两者都是立方型结构，这一结果已为实验证实[38]。

3.3.4 钙钛矿结构的合金中间相的若干规律

3.3.4.1 引言

除了复氧化物和复卤化物可能形成钙钛矿结构外，许多三元合金系也能形成钙钛矿结构的三元化合物。其中多数属于含硼、含氮和含碳的三元化合物。本文探讨这类钙钛矿结构的化合物的形成和晶格常数的规律。由于 Goldschmidt 提出的容许因子是针对离子化合物的，而钙钛矿结构的金属间化合物中主要由金属键构成。金属键是多中心键，其键长受微环境影响较大，即使采用金属元素的金属半径和半金属元素的共价半径代替离子半径计算容许因子。

$$t' = \frac{(R_A + R_X)}{\sqrt{2}(R_B + R_X)}$$

已知的含碳、氮和硼的钙钛矿型金属间化合物的容许因子也波动在 $0.7 \sim 1.1$ 的范围内。而且在此范围内也有大批不形成钙钛矿结构的三元系。因此容许因子对于金属间化合物形成钙钛矿结构的预报用处不大。陈念贻、陆文聪等曾应用元素的金属半径、Pauling 电负性和原子次内层 d 电子数为参数,靠模式识别方法总结二元和三元合金系中间化合物形成、晶型和若干热力学性质的规律,取得较好结果[39-43]。在此应用类似方法,研究合金系形成钙钛矿结构的中间化合物的规律。

3.3.4.2 模型和研究方法

1. 模式识别用的训练样本集

根据 Villars 主编的三元合金相图数据库[44],检索形成钙钛矿型中间相的和不形成这类中间相的三元合金系,并按含硼、含氮和含碳的三元系分成三组建立样本集,作为训练样本。

2. 计算用原子参数

根据合金化学理论,影响金属间化合物形成的因素有几何因子(可用原子的金属半径表征)、电荷迁移因子(可用电负性表征)和能带结构因子(与价电子数或 d 电子数有关)。本工作即以此作为模式识别分析用参数。因为此处参与成键的都是过渡元素,故可用原子次内层 d 电子数为参数总结规律。

3. 计算方法和软件

本工作采用我们自编的"Materials Research Advisor"模式识别软件作计算。该软件在相图计算等多方面应用已有成效[39-43]。

3.3.4.3 计算结果

1. 钙钛矿结构的金属间化合物的形成规律

以组分元素 A、B 原子的金属半径,组分元素的 Pauling 电负性和组分元素原子的次层 d 电子数为参数张成多维空间,用模式识别方法考察形成钙钛矿结构的三元系("1"类样本)和不形成的三元系("2"类样本)的代表点在多维空间的分布,并作投影图。结果如图 3.21、图 3.22 和图 3.23 所示。

从图 3.21、图 3.22 和图 3.23 可以看出:形成钙钛矿结构的和不形成钙钛矿结构的三元合金系的代表点均分布在不同区域,其间有明显的分界线,可用作钙钛矿结构形成的判据。

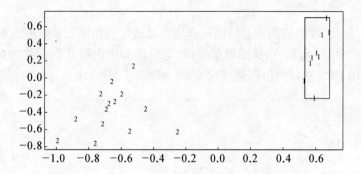

图 3.21　含硼三元系钙钛矿型中间相的形成规律

"1"类样本形成钙钛矿结构,"2"类样本不形成钙钛矿结构

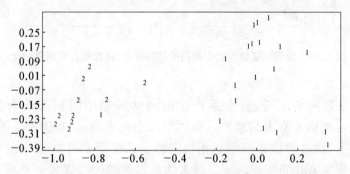

图 3.22　含氮三元系钙钛矿型中间相的形成规律

"1"类样本形成钙钛矿结构,"2"类样本不形成钙钛矿结构

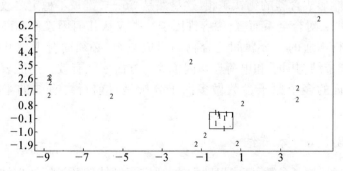

图 3.23　含碳三元系钙钛矿型中间相的形成规律

"2"类样本形成钙钛矿结构,"1"类样本不形成钙钛矿结构

2. 钙钛矿结构的金属间化合物的晶格常数和原子参数的关系

用组分元素 A、B 的原子半径、电负性和次内层 d 电子数为自变量,用 PLS 回归可得近似线性关系(如图 3.24 所示)。

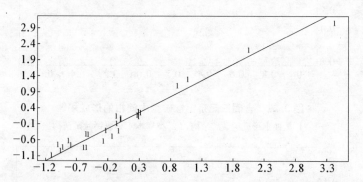

图 3.24　含钙钛矿型合金中间相的晶格常数(计算值与实测值对比)

3.3.4.4　讨论

从几何角度看,合金系产生的钙钛矿型中间相可认为是在 $AuCu_3$ 型面心立方结构的八面体空穴中充填硼、氮和碳原子而成。事实上,许多钙钛矿型中间相相应的二元系确实有 $AuCu_3$ 型中间相。但两者并非一一对应。这大约是因为硼、氮、碳和金属原子间的化学键对钙钛矿结构的形成与否起重要作用之故。$AuCu_3$ 本身就不能形成含碳的钙钛矿相,这显然是 Cu—C 键极不稳定之故。这也说明:对合金系而言,像容许因子一类仅从几何因素作判断的做法是行不通的。金属间化合物的形成与否,必须同时考虑几何因子、能带结构因子和电荷迁移因子等三方面才能有效。用能表征这三方面的多个原子参数做多因子分析是目前行之有效的半经验方法。

3.3.5　本节结论

运用原子参数-模式识别方法,研究了钙钛矿及类钙钛矿结构的物相的若干规律性。

　　结合钙钛矿结构几何模型的论证,探索卤化物系中钙钛矿结构形成和晶格畸变的原子参数判据。计算表明:用 Goldschmidt 提出的容许因子 t 与组分元素的离子半径、电负性以及表征配位场影响的原子参数共同张成多维空间,可在其中求得判别钙钛矿结构形成和晶格畸变的有效判据,并能估算立方结构的钙钛矿型化合物的晶格常数。

　　在分析晶格能和已知相图数据的基础上,提出能解释和预测 K_2NiF_4 型的复氧化物、复卤化物的结晶化学模型。认为这类夹层化合物形成的推动力主要源于高价阳离子间距离拉长导致的静电势能下降;这类化合物形成的阻力主要来自因夹层间晶格匹配所产生的内应力。据此提出表征夹层化合物形成条件和晶胞参数的半经验判据和方程式。用以估计 $CsBr - PbBr_2$ 等盐系的化合物形成情况,与实验结果相符合。

　　建立了钾冰晶石结构形成条件和晶胞常数计算的数学模型。除容许因子 t 外,阴阳离子半径比和电负性差也是决定钾冰晶石结构形成的必要条件。

　　研究了钙钛矿结构的合金中间相的若干规律,对于具有钙钛矿结构的含碳、氮或硼的金属间化合物,其形成条件不能简单地用 Goldschmidt 提出的容许因子公式判别。但若用 A、B 原子的金属半径、电负性和次内层 d 电子数为参数,用模式识别方法可以求得合金系形成钙钛矿型中间相的判据,也可求出计算钙钛矿型中间相的晶胞参数的经验式。

3.4　硫酸钠(Ⅰ)型结构物相的若干规律性

3.4.1　引言

　　Na_2SO_4 固体有四种结构物相:Na_2SO_4(Ⅴ)、Na_2SO_4(Ⅲ)、Na_2SO_4(Ⅱ)、Na_2SO_4(Ⅰ),随着温度的变化,Na_2SO_4 几种结构物相之间发生复杂的转换[45]。

$$\text{Na}_2\text{SO}_4(\text{V}) \xleftarrow{473\text{ K}} \text{Na}_2\text{SO}_4(\text{III}) \xleftarrow{503\text{ K}} \text{Na}_2\text{SO}_4(\text{II}) \xleftarrow{510\text{ K}} \text{Na}_2\text{SO}_4(\text{I})$$

在高温条件下,$\text{Na}_2\text{SO}_4(\text{I})$由于$\text{SO}_4^{2-}$有有限的旋转自由度,一价阳离子可以被二价或三价阳离子取代,最多能产生 30％的阳离子空穴。$\text{Na}_2\text{SO}_4(\text{I})$型和$\text{Na}_2\text{SO}_4(\text{II})$型转变温度相近,两者能发生可逆转换,因而通过淬火一般不能得到纯净的$\text{Na}_2\text{SO}_4(\text{I})$,但是可以得到上述这种有阳离子空穴的多种固溶体。这些空穴的存在有利于电子转移,使得$\text{Na}_2\text{SO}_4(\text{I})$型具有成为离子导体的可能。$\text{Na}_2\text{SO}_4(\text{I})$的一价阳离子能完全被其他一价阳离子取代或部分被高价阳离子(M^{2+}、M^{3+})取代,同时四面体结构的阴离子硫酸根也能被稍小平面结构的CO_3^{2-}取代。M^{3+}取代Na^+,CO_3^{2-}取代SO_4^{2-}的双取代物质已经有文献报道[46]。因此探讨此类固溶体的形成规律,在超导材料设计方面是一个有意义的研究领域。

本节采用支持向量机算法(包括 SVC 和 SVR)、人工神经网络(ANN)、最近邻法(KNN)、Fisher 法等模式识别方法,用"Master"[23]和 SVM 软件包[22]进行计算,该软件可靠性已在一些化学、化工应用中得到证实[39-43,47]。所有计算在 Pentium IV 型微机上进行。

3.4.2　形成 $\text{Na}_2\text{SO}_4(\text{I})$型结构物相的原子参数判据

A_2BO_4型晶体有很多种晶体结构,我们运用原子参数-数据挖掘方法总结这类化合物晶型规律。选取 28 个 $\text{Na}_2\text{SO}_4(\text{I})$型、橄榄石、尖晶石和硅铍石化合物作为数据集,其中 19 个"1"类样本为$\text{Na}_2\text{SO}_4(\text{I})$型,9 个"2"类样本为其他类型。数据均系引自文献[20,48-49]和熔盐相图智能数据库[2,14-16](见表 3.9)。

以这些化合物组分的离子半径、电负性为特征量,作模式识别 Fisher 法投影(图 3.25),可以看出两类代表点分布在不同区域。

表 3.9　Na₂SO₄(Ⅰ)型和其他结构化合物的原子参数

化合物	类别	r^+	r^-	x^+	化合物	类别	r^+	r^-	x^+
Na₂SO₄(I)	1	1.02	2.3	0.9	Na₂CrO₄	1	1.02	2.4	0.9
K₂SO₄(I)	1	1.38	2.3	0.8	Na₂SeO₄	1	1.02	2.43	0.9
Rb₂SO₄(I)	1	1.49	2.3	0.8	Ag₂CrO₄	1	1.15	2.4	1.9
Cs₂SO₄(I)	1	1.7	2.3	0.75	Ag₂SeO₄	1	1.15	2.43	1.9
Tl₂SO₄(I)	1	1.5	2.3	1.4	K₂CO₃	1	1.38	1.85	0.8
K₂CrO₄(I)	1	1.38	2.4	0.8	Mn₂SiO₄	2	0.82	2.4	1.4
a-Ca₂SiO₄	1	1	2.4	1	Mg₂SiO₄	2	0.72	2.4	1.2
a-Na₂CO₃	1	1.02	1.85	0.9	Fe₂SiO₄	2	0.77	2.4	1.7
K₂MoO₄	1	1.38	2.54	0.8	Co₂SiO₄	2	0.61	2.4	1.7
K₂WO₄	1	1.38	2.57	0.8	Ni₂SiO₄	2	0.7	2.4	1.8
Tl₂WO₄	1	1.5	2.57	1.4	Li₂WO₄	2	0.74	2.57	1
Rb₂WO₄	1	1.49	2.57	0.8	Li₂MoO₄	2	0.74	2.54	1
Rb₂MoO₄	1	1.49	2.54	0.8	Li₂CrO₄	2	0.74	2.41	1
Ag₂SO₄	1	1.15	2.3	1.9	Be₂SiO₄	2	0.27	2.4	1.5

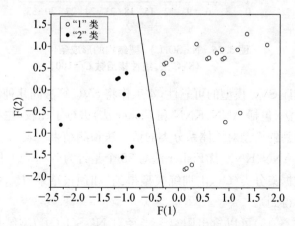

图 3.25　Na₂SO₄(Ⅰ)型结构的形成条件(Fisher 法)

F(1)：$+4.070\,4E-2[x^+]+2.774\,3[r^+]-1.086\,3[r^-]-0.504\,1$；
F(2)：$-2.423\,9[x^+]-3.001\,5E-2[r^+]-0.804\,3[r^-]+4.765\,7$

采用 SVC 留一法交叉验证（leave-one-out cross-validation，LOOCV）选择 SVC 建模参数：线性核函数，取 $C = 100$，可得 $Na_2SO_4(Ⅰ)$ 型结构的判别方程式：

$$(-0.563\,619)[x^+] + (5.636\,198)[r^+] +$$
$$(-1.543\,209)[r^-] + (0.321\,983) > 0 \qquad (3.19)$$

SVC 分类结果见图 3.26。SVC 留一法检验，预报正确率达 100%。

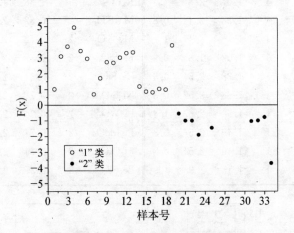

图 3.26　$Na_2SO_4(Ⅰ)$ 型结构的形成条件
（SVC 法，线性核函数 $C=100$）

为验证 SVC 模型的可靠性，本工作将 SVC 算法同几种常用的机器学习方法（包括 ANN、KNN 和 Fisher 法）进行了比较，主要考察各种方法得到的模型对该体系分类的留一法预测结果。表 3.10 列出了 SVC、BP ANN、KNN 及 Fisher 法对 28 个是否为 $Na_2SO_4(Ⅰ)$ 型结构化合物数据集分类（C_A，由训练模型得到）和预报结果（P_A，由留一法预测模型得到）。

由式（3.19）可以看出阳离子半径对 $Na_2SO_4(Ⅰ)$ 型结构判别影响最大，起主要作用。根据 Pauling 对离子性共价性分类，凡阴阳离子电负性差大于 1.5，该物质为离子化合物。考虑到该体系为含氧酸盐体系,阴离子电负性和阳离子电负性之差大于 1.5,因此含氧酸盐的共价性对结构判别影响不大,主要影响因素为阴阳离子半径,即几何因素。考察 r^+/r^- 与 x^+ 双变量的二维图(图 3.27),可以发现 $r^+/r^- < 0.39$ 时,该物质就为 $Na_2SO_4(Ⅰ)$ 型结构。

表 3.10 不同算法所得 $Na_2SO_4(Ⅰ)$ 型结构分类结果

方 法	SVC	BP ANN	KNN	Fisher
$C_A(\%)$	100	100	—	100
$P_A(\%)$	100	100	89.29	96.43

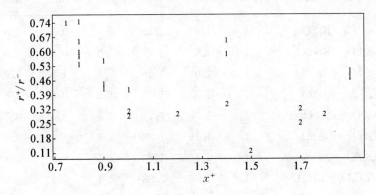

图 3.27 r^+/r^- 与 x^+ 双变量的二维图

从表 3.10 中可以看出,在总结 $Na_2SO_4(Ⅰ)$ 型结构分类判别规律时,SVC 和 BP ANN 建模和留一法分类正确率均为 100%,建模和预报能力都很好。Fisher 法和 KNN 建模稳定性没有 SVC 和 BP ANN 好。

3.4.3 $Na_2SO_4(Ⅰ)$ 型结构物相连续固溶体的形成规律

$Na_2SO_4(Ⅰ)$ 型结构中 SO_4^{2-} 有有限的旋转自由度,许多 Na_2SO_4 (Ⅰ)型化合物中阳离子半径较小,可能部分或全部被其他阳离子取代,比较容易形成固溶体,另外一些则无显著固溶度。高价阳离子取代一价阳离子还可以形成 Na_2SO_4(Ⅰ)型结构空穴,增加晶体导电能力成为超导材料。为了考察阳离子的相互取代形成固溶体情况,我们选取 32 个 Na_2SO_4(Ⅰ)型结构物相之间或 Na_2SO_4(Ⅰ)型结构物相与其他晶体结构物相构成的同阴离子二元相图体系,其中"1"类为能形成连续固溶体的体系,"2"类为不能形成连续固溶体的体系,运用原子参数-支持向量机算法总结规律,数据均系引自文献[20,48-49],见表 3.11。

表 3.11 Na_2SO_4(Ⅰ)型结构物相连续固溶体的形成分类数据集

体　　系	类别	$R_{(S)}^+$	$R_{(L)}^+$	R^-	$X_{(L)}^+$	$X_{(S)}^+$
$Na_2SO_4 - K_2SO_4$	1	1.02	1.38	2.3	0.9	0.8
$Na_2SO_4 - Rb_2SO_4$	1	1.02	1.49	2.3	0.9	0.8
$Na_2SO_4 - Ag_2SO_4$	1	1.02	1.15	2.3	1.9	0.9
$K_2SO_4 - Rb_2SO_4$	1	1.38	1.49	2.3	0.8	0.8
$K_2SO_4 - Cs_2SO_4$	1	1.38	1.7	2.3	0.8	0.75
$K_2SO_4 - Ag_2SO_4$	1	1.15	1.38	2.3	1.9	0.8
$Rb_2SO_4 - Ag_2SO_4$	1	1.15	1.49	2.3	1.9	0.8
$Na_2CrO_4 - K_2CrO_4$	1	1.02	1.38	2.4	0.9	0.8
$Na_2CO_3 - K_2CO_3$	1	1.02	1.38	1.85	0.9	0.8
$K_2WO_4 - Tl_2WO_4$	1	1.38	1.5	2.57	1.4	0.8
$Tl_2WO_4 - Rb_2WO_4$	1	1.49	1.5	2.57	1.4	0.8
$K_2CO_3 - Rb_2CO_3$	1	1.38	1.49	1.85	0.8	0.8
$K_2CO_3 - Cs_2CO_3$	1	1.38	1.7	1.85	0.8	0.75
$Na_2CrO_4 - Rb_2CrO_4$	1	1.02	1.49	2.4	0.9	0.8
$K_2CrO_4 - Rb_2CrO_4$	1	1.38	1.49	2.4	0.8	0.8
$K_2CrO_4 - Cs_2CrO_4$	1	1.38	1.7	2.4	0.8	0.75
$Na_2MoO_4 - K_2MoO_4$	1	1.02	1.38	2.54	0.9	0.8

体　系	类别	$R_{(S)}^+$	$R_{(L)}^+$	R^-	$X_{(L)}^+$	$X_{(S)}^+$
$K_2WO_4 - Cs_2WO_4$	1	1.38	1.7	2.57	0.8	0.75
$Rb_2WO_4 - Cs_2WO_4$	1	1.49	1.7	2.57	0.8	0.75
$Na_2SO_4 - Cs_2SO_4$	2	1.02	1.7	2.3	0.8	0.8
$Li_2SO_4 - K_2SO_4$	2	0.74	1.38	2.3	1	0.8
$Na_2CrO_4 - Cs_2CrO_4$	2	1.02	1.7	2.4	0.9	0.75
$Li_2WO_4 - K_2WO_4$	2	0.74	1.38	2.57	1	0.8
$Li_2SO_4 - Rb_2SO_4$	2	0.74	1.49	2.3	1	0.8
$Li_2SO_4 - Cs_2SO_4$	2	0.74	1.7	2.3	1	0.75
$Li_2CO_3 - Na_2CO_3$	2	0.74	1.02	1.85	1	0.9
$Li_2CO_3 - K_2CO_3$	2	0.74	1.38	1.85	1	0.8
$Na_2CO_3 - Cs_2CO_3$	2	1.02	1.7	1.85	0.9	0.75
$Li_2CrO_4 - Na_2CrO_4$	2	0.74	1.02	2.4	1	0.9
$Li_2CrO_4 - K_2CrO_4$	2	0.74	1.38	2.4	1	0.8
$Li_2MoO_4 - K_2MoO_4$	2	0.74	1.38	2.54	1	0.8
$Li_2MoO_4 - Rb_2MoO_4$	2	0.74	1.49	2.54	1	0.8

　　根据 SVC 留一法交叉验证选择 SVC 建模参数:线性核函数,取 $C=50$,可以得到能形成连续固溶体的化合物的判据如下:

$$(14.603393)[R_{(S)}^+] + (-6.519707)[R_{(L)}^+] + (0.000257)[R^-]$$

$$+ (-0.862351)[X_{(L)}^+] + (-1.726130)[X_{(S)}^+] + (-1.741721)$$

$$> 0 \tag{3.20}$$

图 3.28 为样本 SVC 分类的二维投影图。SVC 留一法检验预报正确率为 93.75%。

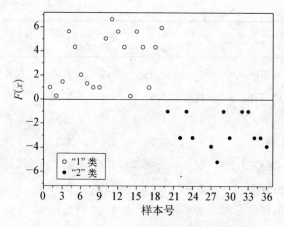

**图 3.28　Na₂SO₄(Ⅰ)型结构物相连续固溶体
分类 SVC(线性核函数 C=50)**

　　本工作将 SVC 算法建模结果和 ANN、KNN 和 Fisher 法的建模结果进行比较,表 3.12 列出了样本是否生成连续固溶体分类正确率 C_A 和预报正确率 P_A。

表 3.12　不同算法所得连续固溶体分类结果

方　法	SVC	BPANN	KNN	Fisher
$C_A/\%$	100	100	—	100
$P_A/\%$	93.75	87.50	90.63	90.63

　　从式(3.20)可以看出阳离子半径是影响 Na₂SO₄(Ⅰ)型结构物相同阴离子体系形成连续固溶体最重要的因素,但它们的效果恰恰相反。考察几何因素函数——晶格畸变程度的近似函数 $\delta = |R^+_{(S)} - R^+_{(L)}|/(R^+_{(S)} + R^+_{(L)} + 2R^-)$ 和 $R^+_{(S)}$ 双变量二维图(图 3.29),仅用几何因素就能将两类样本分开,这是由于含氧酸盐电负性差大于 1.5,根据 Pauling 规则,含氧酸盐是离子化合物,可以不考虑共价性的影响。

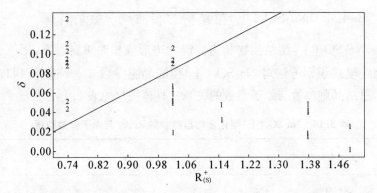

图 3.29　晶格畸变程度的近似函数 δ 和 $R_{(S)}^{+}$ 双变量二维图

从表 3.12 中可以看出,在总结上述 32 个样本体系分类规律时,虽然 BP ANN 和 Fisher 法建模正确率都为 100%,但 SVC 留一法预报结果比其他算法(BP ANN、KNN 及 Fisher 法)更好,说明 SVC 模型更稳定,具有更强预报能力。

由于 Na_2SO_4(Ⅰ)型结构中 SO_4^{2-} 四面体结构很容易发生空间位置扭曲,有有限的旋转自由度,所以 Na_2SO_4(Ⅰ)型结构物质之间或与其他晶体结构的物质很容易形成固溶体,除上述 A_2BO_4 型能形成连续固溶体外,A_2BO_4 型还能与绝大多数二价阳离子 $A'BO_4$ 以及 $A''_2(BO_4)_3$ 形成有限固溶体[51],成为化学功能材料,见表 3.13。

表 3.13　A_2BO_4 与 $A'BO_4$、$A''_2(BO_4)_3$ 能形成有限固溶体体系

$Na_2SO_4 - BeSO_4$	$Na_2SO_4 - CdSO_4$	$Na_2SO_4 - Fe_2(SO_4)_3$
$Na_2SO_4 - NiSO_4$	$Na_2SO_4 - CaSO_4$	$Na_2SO_4 - In_2(SO_4)_3$
$Na_2SO_4 - CuSO_4$	$Na_2SO_4 - SrSO_4$	$Na_2SO_4 - Y_2(SO_4)_3$
$Na_2SO_4 - ZnSO_4$	$Na_2SO_4 - PbSO_4$	$Na_2SO_4 - Gd_2(SO_4)_3$
$Na_2SO_4 - MgSO_4$	$Na_2SO_4 - BaSO_4$	$Na_2SO_4 - Eu_2(SO_4)_3$
$Na_2SO_4 - CoSO_4$	$K_2SO_4 - CaSO_4$	$Na_2SO_4 - Al_2(SO_4)_3$
$Na_2SO_4 - MnSO_4$	$Na_2SO_4 - Cr_2(SO_4)_3$	$Na_2SO_4 - La_2(SO_4)_3$

3.4.4 Na_2SO_4（Ⅰ）型结构物相晶胞参数的计算

Na_2SO_4（Ⅰ）型结构物相为高温六边形或扭曲单斜晶系,用原子参数-模式识别方法对 Na_2SO_4（Ⅰ）型的晶胞参数 a_0、c_0 进行回归建模,总结晶胞参数与原子参数的关系。具体数据见表 3.14。

表 3.14 Na_2SO_4（Ⅰ）型化合物晶胞参数 a_0、c_0 与原子参数数据

化 合 物	a_0	c_0	r^+	r^-	x^+
Na_2SO_4 (Ⅰ)	5.405	7.215	1.02	2.3	0.9
K_2SO_4 (Ⅰ)	5.851	8.030	1.38	2.3	0.8
Rb_2SO_4 (Ⅰ)	6.190	8.370	1.49	2.3	0.8
Cs_2SO_4 (Ⅰ)	6.410	8.840	1.7	2.3	0.75
Tl_2SO_4 (Ⅰ)	6.170	8.060	1.5	2.3	1.4
K_2CrO_4 (Ⅰ)	6.125	8.245	1.38	2.4	0.8
$a-Ca_2SiO_4$	5.527	7.311	1	2.4	1
$a-Na_2CO_3$	5.220	6.750	1.02	1.85	0.9
K_2MoO_4	6.331	8.070	1.38	2.54	0.8
K_2WO_4	6.365	8.070	1.38	2.57	0.8
Tl_2WO_4	6.289	8.106	1.5	2.57	1.4
Rb_2WO_4	6.568	8.411	1.49	2.57	0.8
Rb_2MoO_4	6.541	8.445	1.49	2.54	0.8

根据表 3.14 数据,用留一法预报的平均相对误差来选择和优化支持向量机模型中的有关参数,晶胞参数 a_0 的 SVR 建模条件为线性核函数($C=100,\varepsilon=0.1$）；c_0 的 SVR 建模条件为多项式核函数($C=100,\varepsilon=0.05$）。

$\text{Na}_2\text{SO}_4(\text{I})$型简单系列的晶胞参数 a_0 的 SVR 模型为

$$a_0 = (1.321\,010)[r^+] + (1.008\,233)[r^-] + (-0.043\,095)[x^+]$$
$$+ (1.911\,457) \tag{3.21}$$

$\text{Na}_2\text{SO}_4(\text{I})$型简单系列的晶胞参数 c_0 的 SVR 回归建模计算过程中多项式核函数为

$$K(\boldsymbol{x}, \boldsymbol{x}_i) = \left[(\boldsymbol{x}^{\mathrm{T}}\boldsymbol{x}_i)+1\right]^q \tag{3.22}$$

支持向量有 6 个,相应的回归函数式为

$$F(X) = \sum_{i=1}^{n} \beta_i \times K(\boldsymbol{x}_i, \boldsymbol{x}) + b \tag{3.23}$$

其中常数项 $b = 0.077\,631$,支持向量样本号及对应的系数 β_i^* 见表 3.15。

表 3.15　SVR 模型中支持向量样本号及相应的系数

支持向量样本号	4	6	7	8	10	11
系数(β_i)	−0.071 5	2.465 5	0.142 1	−0.807 8	−1.708 2	−0.020 1

SVR、BP ANN 和 MLR 回归模型对 $\text{Na}_2\text{SO}_4(\text{I})$型系列的晶胞参数 a_0、c_0 拟合的平均相对误差(Mean Relative Error,MRE)见表 3.16。

表 3.16　不同训练模型得到的晶胞参数 a_0、c_0 的 MRE 值

方　　法	$\text{Na}_2\text{SO}_4(\text{I})$型简单体系	
	a_0 MRE 值	c_0 MRE 值
SVR	0.014 8	0.008 8
BP ANN	0.001 5	0.001 4
MLR	0.013 9	0.010 6

晶胞参数 a_0、c_0 文献值与 SVR 留一法预测值分别如图 3.30、图 3.31 所示。基于同一样本集,本研究将 SVR 算法结果同 ANN 和 MLR 法计算结果进行比较,重点考察各种模型留一法交叉验证结果。表3.17列出了文献值与 BP ANN、MLR 留一法预测值的 MRE。

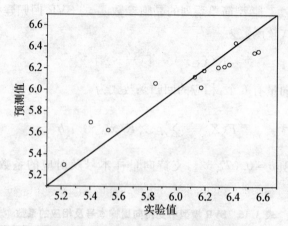

图 3.30   Na$_2$SO$_4$(I)型简单系列晶胞参数
a_0 文献值与 SVR 留一法预测值

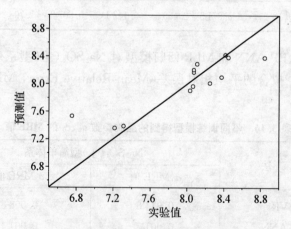

图 3.31   Na$_2$SO$_4$(I)型简单系列晶胞参数
c_0 文献值与 SVR 留一法预测值

表 3.17　不同训练模型得到晶胞参数 a_0、c_0 留一法的 MRE 值

方　　法	Na$_2$SO$_4$（Ⅰ）型简单体系	
	a_0 MRE	c_0 MRE
SVR	0.019 3	0.017 5
BP ANN	0.017 1	0.016 9
MLR	0.024 0	0.018 3

由式(3.21)可见离子半径增大则元胞增大,金属元素电负性增大则其原子与氧原子间化学键的共价性增强,导致键长缩短,因此电负性系数为负值。

计算结果表明:阴阳离子半径和阳离子电负性对晶胞参数 a_0、c_0 有很大影响。从表 3.17 可以看出,常见的几种机器学习方法对于我们研究的体系也能较好预报 Na$_2$SO$_4$（Ⅰ）型晶胞参数。对晶胞参数 a_0、c_0 各方法的留一法预测精度均小于 5%,传统回归方法依然有一定的优点。支持向量机回归方法虽然是新算法,但是 SVR 留一法的 MRE 表明其在总结晶体结构规律也有一定的优势。

3.4.5　结论

本节应用多种数据挖掘方法研究 Na$_2$SO$_4$（Ⅰ）型结构同阴离子体系形成连续固溶体的条件,求得 Na$_2$SO$_4$（Ⅰ）型结构形成的判别式和这类化合物晶胞参数的计算式。计算表明:发现几何因素(阴阳离子半径以及阴阳离子半径的各种函数)是影响 Na$_2$SO$_4$（Ⅰ）型结构化合物连续固溶体、晶型和晶胞参数的重要因素。根据各种数据挖掘方法留一法结果发现支持向量机方法在总结 Na$_2$SO$_4$（Ⅰ）型结构物相若干规律中比其他方法效果好。

3.5 碱金属含氧酸盐相图规律中的研究

3.5.1 引言

一些含氧酸盐熔盐溶液在高温燃料电池、载热剂、热处理介质、晶体培育介质等方面有广泛应用，一些含氧酸盐系形成的固溶体则是有用的光、电、磁材料，自然界许多岩石矿物也是以固溶体形式存在。因此研究含氧酸盐形成固溶体的规律性具有理论和实际的意义。

本工作利用熔盐相图智能数据库技术和原子参数-支持向量机方法研究 CO_3^{2-}、CrO_4^{2-}、SO_4^{2-}、WO_4^{2-}、MoO_4^{2-} 碱金属熔盐系固溶体规律，并用"留一法"检验所得数学模型的预报能力。

计算方法同 3.4 节。

3.5.2 碱金属含氧酸盐二元相图形成显著固溶体规律的研究

本工作利用熔盐相图智能数据库[2,14-16]数据及文献[20,48-49]的 69 个含 CO_3^{2-}、CrO_4^{2-}、SO_4^{2-}、WO_4^{2-}、MoO_4^{2-} 碱金属熔盐系相平衡实测数据分为同阳离子熔盐系和同阴离子熔盐系两组训练样本集(见表 3.18、3.19)。

表 3.18　同阳离子系是否形成显著固溶体分类

a. "1"类样本：同阳离子系形成显著固溶体的体系

$Li_2CO_3 - Li_2SO_4$	$Li_2SO_4 - Li_2MoO_4$	$Na_2CO_3 - Na_2SO_4$	$Na_2CrO_4 - Na_2SO_4$	$Na_2SO_4 - Na_2WoO_4$
$Na_2SO_4 - Na_2WO_4$	$Na_2CrO_4 - Na_2WO_4$	$Na_2WO_4 - Na_2MoO_4$	$K_2CO_3 - K_2SO_4$	$K_2CrO_4 - K_2SO_4$
$K_2SO_4 - K_2MoO_4$	$K_2SO_4 - K_2WO_4$	$K_2CrO_4 - K_2WO_4$	$K_2CrO_4 - K_2MoO_4$	$K_2WO_4 - K_2MoO_4$
$Rb_2SO_4 - Rb_2WO_4$	$Rb_2SO_4 - Rb_2MoO_4$	$Rb_2CO_3 - Rb_2CrO_4$	$Rb_2CrO_4 - Rb_2WO_4$	$Rb_2CrO_4 - Rb_2MoO_4$
$Rb_2WO_4 - Rb_2MoO_4$	$Cs_2SO_4 - Cs_2WO_4$	$Cs_2SO_4 - Cs_2MoO_4$	$Cs_2CO_3 - Cs_2CrO_4$	$Cs_2CrO_4 - Cs_2MO_4$
$Cs_2CrO_4 - Cs_2MoO_4$	$Cs_2WO_4 - Cs_2WoO_4$	$Rb_2CO_3 - Rb_2SO_4$		

b. "2"类样本：同阳离子系不形成显著固溶体的体系

$Li_2SO_4 - Li_2WO_4$	$Li_2CO_3 - Li_2CrO_4$	$Li_2CO_3 - Li_2MoO_4$	$Na_2CO_3 - Na_2CrO_4$	$Na_2CO_3 - Na_2WO_4$
$K_2CO_3 - K_2CrO_4$	$K_2CO_3 - K_2WO_4$			

表 3.19　同阴离子系是否形成显著固溶体分类

a.“1”类样本：同阴离子系形成显著固溶体的体系

$Li_2SO_4 - Na_2SO_4$	$K_2SO_4 - Cs_2SO_4$	$Na_2SO_4 - K_2SO_4$	$Na_2SO_4 - Rb_2SO_4$	$Na_2SO_4 - Cs_2SO_4$
$K_2SO_4 - Rb_2SO_4$	$Rb_2CO_3 - Cs_2CO_3$	$Rb_2SO_4 - Cs_2SO$	$Na_2CO_3 - K_2CO_3$	$K_2CO_3 - Rb_2CO_3$
$K_2CO_3 - Cs_2CO_3$	$K_2CrO_4 - Cs_2CrO_4$	$Na_2CrO_4 - K_2CrO_4$	$Na_2CrO_4 - Rb_2CrO_4$	$Na_2CrO_4 - Cs_2CrO_4$
$K_2CrO_4 - Rb_2CrO_4$	$Li_2WO_4 - Na_2WO_4$	$Rb_2CrO_4 - Cs_2CrO_4$	$Li_2MoO_4 - Na_2MoO_4$	$Na_2MoO_4 - K_2MoO_4$
$Na_2MoO_4 - Cs_2MoO_4$	$Rb_2WO_4 - Cs_2WO_4$	$Na_2WO_{4v} - K_2WO_4$	$K_2WO_4 - Cs_2WO_4$	

b.“2”类样本：同阴离子系不形成显著固溶体的体系

$Li_2SO_4 - Rb_2SO_4$	$Li_2SO_4 - Cs_2SO_4$	$Li_2MoO_4 - K_2MoO_4$	$Li_2CO_3 - K_2CO_3$	$Li_2CO_3 - Rb_2CO_3$
$Li_2CO_3 - Cs_2CO_3$	$Li_2MoO_4 - Rb_2MoO_4$	$Na_2CO_3 - Cs_2CO_3$	$Li_2MoO_4 - Cs_2MoO_4$	$Li_2CrO_4 - K_2CrO_4$

3.5.2.1　同阴离子系建模和预报结果

经 Master 软件中熵法变量筛选，取 $X_{A'}$、R_A、$R_{A'}$、R_B 四个变量作为同阴离子系计算参数，数据列于表 3.20，“1”类样本为可以形成显著固溶体体系，“2”类样本为不能形成显著固溶体体系。

根据表 3.20 数据建立 PLS 分类模型，如图 3.32 所示，可见两类样本完全分开。

表 3.20　同阴离子系原子参数

序 号	类别	$X_{A'}$	R_A	$R_{A'}$	R_B
1	1	0.9	0.6	0.95	2.3
2	2	0.8	0.6	1.48	2.3
3	2	0.75	0.6	1.69	2.3
4	1	0.8	0.95	1.33	2.3
5	1	0.8	0.95	1.48	2.3
6	1	0.75	0.95	1.69	2.3
7	1	0.8	1.33	1.48	2.3

续 表

序 号	类别	$X_{A'}$	R_A	$R_{A'}$	R_B
8	1	0.75	1.33	1.69	2.3
9	1	0.75	1.48	1.69	2.3
10	2	0.8	0.6	1.33	1.85
11	2	0.8	0.6	1.48	1.85
12	2	0.75	0.6	1.69	1.85
13	1	0.8	0.95	1.33	1.85
14	2	0.75	0.95	1.69	1.85
15	1	0.8	1.33	1.48	1.85
16	1	0.75	1.33	1.69	1.85
17	1	0.75	1.48	1.69	1.85
18	2	0.8	0.6	1.33	2.4
19	1	0.8	0.95	1.33	2.4
20	1	0.8	0.95	1.48	2.4
21	1	0.75	0.95	1.69	2.4
22	1	0.8	1.33	1.48	2.4
23	1	0.75	1.33	1.69	2.4
24	1	0.75	1.48	1.69	2.4
25	1	0.9	0.6	0.95	2.54
26	2	0.8	0.6	1.33	2.54
27	2	0.8	0.6	1.48	2.54
28	2	0.75	0.6	1.69	2.54
29	1	0.8	0.95	1.33	2.54
30	1	0.75	0.95	1.69	2.54
31	1	0.9	0.6	0.95	2.57
32	1	0.8	0.95	1.33	2.57
33	1	0.75	1.33	1.69	2.57
34	1	0.75	1.48	1.69	2.57

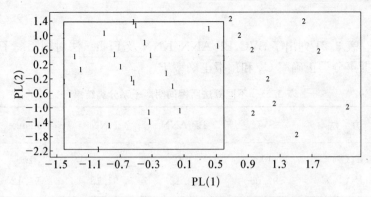

图 3.32　同阴离子系是否形成显著固溶体 PLS 分类图

PL(1)：$-3.368\,1[X_{A'}]-2.831\,2[R_A]+0.517\,9[R_{A'}]-1.145\,5[R_B]+7.237\,8$；

PL(2)：$-17.493\,1[X_{A'}]-0.866\,1[R_A]+3.319\,9[R_{A'}]+2.073\,2E-2[R_B]+9.605\,0$

　　根据 SVC 留一法交叉验证（LOOCV）预测正确率选择 SVC 建模参数为，线性核函数，取 $C=100$，同阴离子系分类的判别方程式：

$$(20.243\,672)[X_{A'}]+(14.476\,041)[R_A]+(-2.743\,328)[R_{A'}]$$

$$+(4.444\,140)[R_B]+(-32.520\,289)>0 \tag{3.24}$$

　　SVC 分类见图 3.33。SVC 留一法检验，预报正确率 P_A 为 97.06%。

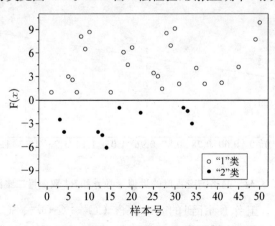

**图 3.33　同阴离子系是否形成显著固溶体
SVC 分类图（线性核函数 $C=100$）**

表 3.21 列出了 SVC、BP ANN、KNN 及 Fisher 法对同阴离子系数据集分类正确率 C_A 和预报正确率 P_A。

表 3.21   不同算法所得同阴离子系分类结果

方　法	SVC	BP ANN	KNN	Fisher
$C_A(\%)$	100	100	—	100
$P_A(\%)$	97.06	94.12	91.18	94.12

考察晶格畸变程度的近似函数 δ 和 R^+ 双变量二维图(见图 3.34),能将两类样本分开,可见含氧酸盐中离子的半径是同阴离子系形成显著固溶体判别时重要的影响因素。研究上述体系,发现 $|R_A - R_{A'}| > 0.55$ 就不能生成显著固溶体,所有含 CO_3^{2-}、CrO_4^{2-}、SO_4^{2-}、WO_4^{2-}、MoO_4^{2-} 碱金属熔盐系同阴离子锂盐和铯盐就不能形成显著固溶体,而同阴离子钠盐和钾盐基本形成的都为连续固溶体,可见阳离子半径相差较小有利于固溶体形成。

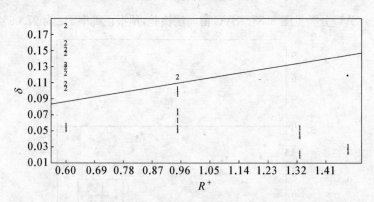

图 3.34   晶格畸变程度的近似函数 δ 和 R^+ 双变量二维图

对于本工作所用到的 34 个含 CO_3^{2-}、CrO_4^{2-}、SO_4^{2-}、WO_4^{2-}、MoO_4^{2-} 碱金属熔盐同阴离子系数据集,虽然 BP ANN 和 Fisher 训练模型可以得到和 SVC 训练模型一样高的分类正确率,但在数据处理研究中,评价模型性能优劣更重要的是考察样本集分类的预报正确率,因此,SVC 算法比其他算法(BP ANN、KNN 及 Fisher 法)更适合于对该体系固溶体生成与否的判断研究。

3.5.2.2 同阳离子系建模和预报结果

与研究同阴离子系的做法相似,经 Master 软件中超多面体变量筛选,取 X_B、R_A、$R_{A'}$、R_B 四个变量作为同阳离子系计算参数,数据列于表 3.22,"1"类样本为可以形成显著固溶体体系,"2"类样本为不能形成显著固溶体体系。

表 3.22 CO_3^{2-}、CrO_4^{2-}、SO_4^{2-}、WO_4^{2-}、MoO_4^{2-} 碱金属熔盐同阳离子系原子参数

序 号	类 别	X_B	R_B	R_A	$R_{A'}$
1	1	0.95	0.6	2.3	1.85
2	1	0.95	0.6	2.54	2.3
3	2	0.95	0.6	2.57	2.3
4	2	0.95	0.6	2.4	1.85
5	2	0.95	0.6	2.54	1.85
6	1	0.9	0.95	2.3	1.85
7	1	0.9	0.95	2.4	2.3
8	1	0.9	0.95	2.54	2.3
9	1	0.9	0.95	2.57	2.3
10	2	0.9	0.95	2.4	1.85
11	2	0.9	0.95	2.57	1.85
12	2	0.9	0.95	2.57	2.4
13	1	0.9	0.95	2.57	2.54
14	1	0.8	1.33	2.3	1.85
15	1	0.8	1.33	2.4	2.3
16	1	0.8	1.33	2.54	2.3

序　号	类　别	X_B	R_B	R_A	$R_{A'}$
17	1	0.8	1.33	2.57	2.3
18	2	0.8	1.33	2.4	1.85
19	2	0.8	1.33	2.57	1.85
20	1	0.8	1.33	2.54	2.4
21	1	0.8	1.33	2.57	2.4
22	1	0.8	1.33	2.57	2.54
23	1	0.8	1.48	2.3	1.85
24	1	0.8	1.48	2.54	2.3
25	1	0.8	1.48	2.57	2.3
26	1	0.8	1.48	2.4	1.85
27	1	0.8	1.48	2.54	2.4
28	1	0.8	1.48	2.57	2.4
29	1	0.8	1.48	2.57	2.54
30	1	0.75	1.69	2.54	2.3
31	1	0.75	1.69	2.57	2.3
32	1	0.75	1.69	2.4	1.85
33	1	0.75	1.69	2.54	2.4
34	1	0.75	1.69	2.57	2.4
35	1	0.75	1.69	2.57	2.54

　　根据表 3.22 数据建立 Fisher 法分类模型,投影结果见图 3.35,可见两类样本完全分开。

　　采用 SVC 留一法交叉验证中分类预测正确率(P_A)作为建模参数选择标准,得到同阳离子系形成显著固溶体 SVC 分类模型参数是线性核函数,$C=200$。

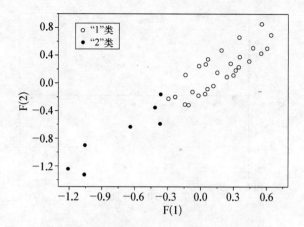

图 3.35　同阳离子系分类的 Fisher 法投影图

$F(1)$：$+6.338[X_B]+1.682[R_B]-4.077[R_A]+2.041[R_{A'}]-1.660$；
$F(2)$：$-8.289[X_B]-1.055[R_B]-4.342[R_A]+2.261[R_{A'}]+14.111$

根据表 3.22 数据，样本归一化后，建立支持向量分类模型，同阳离子能否形成显著固溶体判别式为

$$(50.673461)[X_B]+(13.333082)[R_B]+(-41.328988)[R_A]$$

$$+(20.350578)[R_{A'}]+(3.268462)>0 \qquad (3.25)$$

样本集分类正确率为 100%。SVC 训练模型的分类结果如图 3.36 所示。SVC 留一法预报正确率为 97.14%。

表 3.23 列出了 SVC、BP ANN、KNN 及 Fisher 法对 35 个碱金属含氧酸盐同阳离子系能否形成固溶体的分类正确率 C_A 和预报正确率 P_A。

表 3.23　不同算法所得同阳离子系分类结果

方　法	SVC	BP ANN	KNN	Fisher
$C_A/\%$	100	100	—	100
$P_A/\%$	97.14	91.43	82.86	91.43

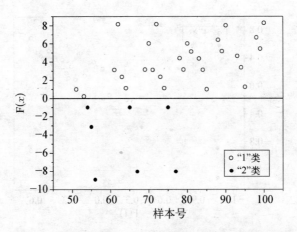

图 3.36　同阳离子系 SVC 线性核函数 $C=200$ 建模结果

由表 3.23 可知,对于本工作所用到的 35 个含 CO_3^{2-}、CrO_4^{2-}、SO_4^{2-}、WO_4^{2-}、MoO_4^{2-} 碱金属熔盐同阳离子系数据集,虽然 BP ANN 和 Fisher 法训练模型可以得到和 SVC 训练模型一样,分类正确率都可以达到 100%。但各种模型的留一法预报结果表明:SVC 算法比其他算法(BP ANN、KNN 及 Fisher 法)更适合于对该体系固溶体生成与否的判断研究。

3.5.3　碱金属含氧酸盐液相线极小点温度定量预报

上节我们研究了 CO_3^{2-}、CrO_4^{2-}、SO_4^{2-}、WO_4^{2-}、MoO_4^{2-} 碱金属若干含氧酸盐体系有无固溶体形成的规律。这些体系中有很大一部分形成的是有最低点的连续固溶体。如果我们能用原子参数-数据挖掘方法对这类相图中连续固溶体液相线极小点温度建立半经验模型,进行定量预报,那么对相图数据库建设和未知相图预报将会有更重要的意义。

3.5.3.1　训练样本集

我们选取上节体系中液相线有极小点体系构成训练样本集,从熔盐相图智能数据库里读取相图极小点温度数据,有 30 个能形成有极小点连续固溶体熔盐系,依旧把它分为同阳离子熔盐系和同阴离子熔盐系两组训练样本集,如表 3.24 和表 3.25 所示。

表 3.24 有极小点连续固溶体的碱金属熔盐同阳离子系

$Na_2CO_3 - Na_2SO_4$	$Na_2CrO_4 - Na_2SO_4$	$Na_2SO_4 - Na_2MoO_4$	$Na_2SO_4 - Na_2WO_4$	$Na_2CrO_4 - Na_2WO_4$
$Na_2WO_4 - Na_2MoO_4$	$K_2CO_3 - K_2SO_4$	$K_2CrO_4 - K_2SO_4$	$K_2SO_4 - K_2MoO_4$	$K_2SO_4 - K_2WO_4$
$K_2WO_4 - K_2MoO_4$	$Rb_2SO_4 - Rb_2SO_4$	$Rb_2SO_4 - Rb_2MoO_4$	$Rb_2CO_3 - Rb_2CrO_4$	$Rb_2CrO_4 - Rb_2WO_4$
$Rb_2CrO_4 - Rb_2MoO_4$	$Cs_2SO_4 - Cs_2MoO_4$	$Cs_2CrO_4 - Cs_2WO_4$		

表 3.25 有极小点连续固溶体的碱金属熔盐同阴离子系

$Na_2SO_4 - K_2SO_4$	$Na_2SO_4 - Rb_2SO_4$	$Na_2CO_3 - K_2CO_3$	$K_2CO_3 - Rb_2CO_3$	$K_2CO_3 - Cs_2CO_3$
$Na_2CrO_4 - K_2CrO_4$	$Na_2CrO_4 - Rb_2CrO_4$	$K_2CrO_4 - Cs_2CrO_4$	$Rb_2CrO_4 - Cs_2CrO_4$	$Na_2MoO_4 - K_2MoO_4$
$K_2WO_4 - Cs_2WO_4$	$Rb_2WO_4 - Cs_2WO_4$			

3.5.3.2 同阳离子系液相线极小点温度建模和预报结果

基于软件"Master"中熵法变量筛选方法,取 R_A、$R_{A'}$、纯物质熔点四个变量作为同阳离子系计算参数,数据列于表 3.26。

表 3.26 同阳离子系原子参数和最小点温度数据

序号	最低温度/℃	$R_{\bar{A}}$	$R_{A'}$	T_1/℃	T_2/℃
1	827.96	2.3	1.85	858	884
2	789	2.4	2.3	792	883
3	673	2.54	2.3	687	884
4	660.46	2.57	2.3	698	884
5	674	2.57	2.4	696	792
6	678.28	2.57	2.54	689	696
7	864	2.3	1.85	901	1 069

续　表

序　号	最低温度/℃	R_A	$R_{A'}$	T_1/℃	T_2/℃
8	968	2.4	2.3	972	1 072
9	894	2.54	2.3	906	1 084
10	898	2.57	2.3	895	1 067
11	818	2.57	2.54	919	921
12	933.18	2.54	2.3	950	1 060
13	897.87	2.57	2.3	953	1 050
14	743	2.4	1.85	847	997
15	909.52	2.54	2.4	915	974
16	938.89	2.57	2.4	975	989
17	917.92	2.54	2.3	938	1 040
18	947.47	2.57	2.4	972	975

采用 SVR 留一法预报的平均相对误差 MRE 作为建模参数选择标准,得到同阳离子系液相线极小点温度 SVR 回归模型参数是线性核函数,$C=100$,$\varepsilon=0.01$。样本集实验数据归一化处理后,建立 SVR 训练模型如下:

$$T_{min}=(-164.418\,963)[R_A]+(128.780\,173)[R_{A'}]+$$
$$(0.892\,978)[T_1]+(0.123\,046)[T_2]+(69.934\,440)$$

$$(3.26)$$

同阳离子熔盐系极小点温度实验值与 SVR 留一法预测值分别如图 3.37 所示。

SVR、BP ANN 和 MLR 回归建模和留一法预报对同阳离子熔盐系极小点温度拟合的平均相对误差 MRE 见表 3.27。

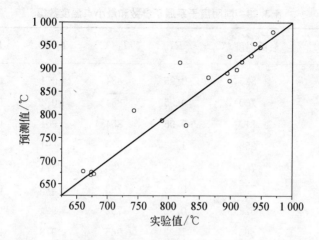

图 3.37　同阳离子熔盐系极小点温度实验值与 SVR 留一法预测值

表 3.27　不同训练模型得到的建模和预报的 MRE 值

方　　　法	SVR	BP ANN	MLR
极小点温度建模 MRE/%	1.90	0.44	2.15
极小点温度留一法预报 MRE/%	2.48	4.72	3.19

从表 3.27 可以看出,常见的几种机器学习方法对于该研究体系也能较好总结含氧酸盐熔盐系规律。对该体系液相线极小点温度各方法的留一法预测精度均小于 5%,SVR 留一法的 MRE 表明其总结极小点温度规律优于 ANN 算法和 MLR 算法,模型比其他两种方法稳定性好。

3.5.3.3　同阴离子系液相线极小点温度建模和预报结果

对于同阴离子系,同样我们基于软件"Master"中熵法变量筛选方法,取小阳离子的折光率 RF_A 和半径 R_A、纯物质熔点四个变量作为同阴离子系计算参数,数据列于表 3.28。

表 3.28　同阴离子系原子参数和最小点温度数据

序　号	最低温度/℃	R_A	T_1/℃	T_2/℃	RF_A
1	823	0.95	884	1 071	0.47
2	700	0.95	884	1 074	0.47
3	710	0.95	854	901	0.47
4	850	1.33	870	891	2.24
5	750	1.33	793	891	2.24
6	752	0.95	792	978	0.47
7	622.92	0.95	792	994	0.47
8	865	1.33	965	978	2.24
9	935	1.48	965	990	3.75
10	662.69	0.95	688	928	0.47
11	856	1.33	926	958	2.24
12	937.78	1.48	956	958	3.75

　　采用 SVR 留一法预报的平均相对误差 MRE 作为建模参数选择标准,得到同阴离子系液相线极小点温度 SVR 回归模型参数是线性核函数,$C=10,\varepsilon=0.01$。样本集实验数据归一化处理后,建立 SVR 训练模型如下:

$$T_{min}=(43.727\,256)[RF_A]+(54.247\,656)[R_A]+$$
$$(0.525\,029)[T_1]+(-0.143\,137)[T_2]+(272.733\,188)$$

$$(3.27)$$

同阴离子熔盐系极小点温度实验值与 SVR 留一法预测值分别如图 3.38 所示。

　　SVR、BP ANN 和 MLR 回归建模和留一法预报对同阴离子熔盐系极小点温度拟合的平均相对误差 MRE 见表 3.29。

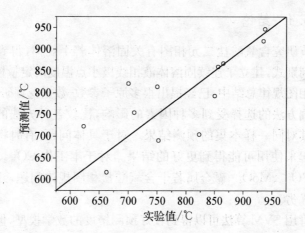

图 3.38　同阴离子熔盐系极小点温度实验值与 SVR 留一法预测值

表 3.29　不同训练模型得到的建模和预报的 MRE 值

方　　　法	SVR	BP ANN	MLR
极小点温度建模 MRE/%	3.65	0.44	1.25
极小点温度留一法预报 MRE/%	7.31	11.66	6.44

从表 3.29 可以看出,常见的几种机器学习方法对于我们研究的体系能较好总结含氧酸盐熔盐系规律。对该体系液相线极小点温度各方法的留一法预测精度较高,MLR 留一法的 MRE 表明其在总结极小点温度规律优于 ANN 算法和 SVR 算法。

3.5.3.4　讨论

对于 CO_3^{2-}、CrO_4^{2-}、SO_4^{2-}、WO_4^{2-}、MoO_4^{2-} 碱金属若干含氧酸盐同阳离子系和同阴离子系中液相线极小点温度的 SVR 建模,可以看出对于连续固溶体液相线极小点温度与两物质的熔点有很大关系,不能忽略这两个变量。

3.5.4 结论

本节研究含氧酸盐二元相图有关固溶体若干规律,得到了显著固溶体判别式,建立了连续固溶体液相线极小点温度的定量模型。

在相图规律总结中,已经提出很多原子参数-数据挖掘研究方法。数据挖掘方法的选择受到多种因素的影响,比较各种方法的性能优劣应看其对同一样本集的预测结果。对于具体问题,有时将不同方法结合起来使用可能得到更好的结果。对于本工作 CO_3^{2-}、CrO_4^{2-}、SO_4^{2-}、WO_4^{2-}、MoO_4^{2-} 碱金属若干含氧酸盐相图规律问题,几种方法都各有优劣。

尽管用 SVM 算法可以得到较好预测精度的数学模型,但也应该指出,SVM 模型的预测性能受到建模参数的影响(包括核函数和可调参数 C 值),对于如何快速确定核函数和可调参数 C 值尚未报道。

参 考 文 献

[1] Chikanov, V. N., Chikanov, N. D. Interaction in binary bromide systems, Journal of Inorganic Chemistry (in Russia), 2000, 45: 1221-1224.

[2] Nianyi Chen, Wencong Lu, Jie Yang, Guozheng Li. Support vector machine in chemistry. World Scientific Publishing Company, Singapore, 2004.

[3] Bunn C. W. Chemical Crystallography. 2nd revised ed. Oxford University Press, Amen House, London E. C. 4, 1961.

[4] 莫志深,张宏放. 晶态聚合物结构和 X 射线衍射. 北京:科学出版社,2003.

[5] 周公度,郭可信. 晶体和准晶体的衍射. 北京:北京大学出版社,1999.

[6] Hahn T. International tables for crystallography: Vol. A. Space group symmetry. 2nd revised ed. Kluwer Dordrecht,1987.

[7] 梁栋材. X 射线晶体学基础. 北京:科学出版社,1999.

[8] Hahn T. International tables for crystallography：Vol. A. Reidel Publishing Company，1983.

[9] International Tables for X-ray Crystallography：Vol. 1. Kynoch Press，1952.

[10] 梁敬魁. 多晶 X 射线衍射和结构测定——相图和相结构：上、下册. 北京：科学出版社，1993

[11] Pauling，L. The Nature of Chemical Bond，Cornell University Pree，Ithaca，1960.

[12] Von H. J. Seifert und U. Langenbach. Thermoanalytische und rontgenographische Untersuchungen an Systemen Alkalichlorid/ Calciumchlorid. Zeitschrift fur anorganische und allgemeine Chemie. 1969，368：36 - 43

[13] Muller O, Roy R. The Major Ternary Families. Berlin：Springer-Verlag，1974.

[14] 包新华，陆文聪，陈念贻. 支持向量机算法在熔盐相图数据库智能化中的应用. 计算机与应用化学，2002,19(6)：723.

[15] Chen Nianyi, Yan Licheng, Lu Wencong, Bao Xinhua. Computerized Prediction of Thermodynamic Properties and Intelligent Data Base for Phase Diagrams of Molten Salt Systems//Proceedings of 6th International Symposium on Molten Salt Chemistry and Technology，2001：1 - 8

[16] 陈念贻，陆文聪，包新华，等. 熔盐相图的计算机预报和熔盐相图智能数据库研究. 中国稀土学报，2002，20(专辑)：170.

[17] Pacipaiko V E, Aleksena E A, Basina N A. Fusibility Diagrams of Salt Systems(in Russian). Moscow：Metallurgical Publshers，1979.

[18] Bakylouk V V, Evdokinov A A, Homqinko G P. $BaMoO_4 - Ln_2(MoO_4)_3$ (Ln = Nd, Sm, Tb) systems (in Russian). Journal of inorganic chemistry, 1982，27：1802.

[19] Moxosoev M V, Alekseev F P, Lychik VK. Phase Diagrams of Molubdate and Tungstate Systems (in Russian). Publisher "Nauka"：Novosibersk，1978.

[20] Shannon R D, Prewitt C T. Effective ionic radii in oxides and fluorides. Acta crystagraphica, 1969，B25：925.

[21] 亚齐米尔斯基,刘为涛,鄢国森,严繁诗 译. 络合物热化学. 北京：科学
出版社，1959.

[22] 陆文聪，陈念贻，叶晨洲，等. 支持向量机算法和软件 ChemSVM 介绍.
计算机与应用化学，2002，19(6)：697.

[23] Chen Nianyi, Lu Wencong, Chen Ruiliang, et al. Software package
"Materials designer" and its application in materials research//Meech J A,
LeClar S R. The Second International Conferences on Intelligent
Processing and Manufacturing of Materials. Honolulu, U. S. A.：west
coast reproduction centres，1999：1417.

[24] Basovich O M, Haikina E G. Phase equilibria of Li_2MoO_4 – Tl_2MoO_4 –
$Pr_2(MoO_4)_3$ system (in Russian) [J]. Journal of Inorganic Chemistry,
2000，45：1542.

[25] Muller et al. The Major Ternary Structure Families. Springer-Verlag,
Heidelberg，1974.

[26] F. Galosso. Perovskite and High Temperature Superconductors, John-
Wiley Inc. 1990.

[27] A. N. Christensen. Acta Chem. Scandinavica,1965,19：42.

[28] W. Rudorff et al. Angeww. Chem. 1959, 71：672.

[29] Ю. Д. Третьяков, ЕАГудилин：Успехи химии. 2000，69，3.

[30] H. Yokokawa. Thermodynamic stability of perovskites and related
compounds in some alkaline earth-transition metal-oxygen systems. Solid
state chemistry, 1991，94：106–120.

[31] T. Forland. J. Phys. Chem. , 1955，59：152.

[32] И. Я. Кузнецова, И. С. овалева, В. А. Федоров. Журналнеораниче-ской
химии, 2001,46：1900.

[33] M. Tamura. 1988, J. Physica C, 303：1.

[34] ВВАупаров. Перспектвый матери-алы, 2000, (3)：10.

[35] БВБезносиков. Перспективные материалы, 2001,3：34.

[36] ВИПосыпайко. Диаграммыплавкости солейвых систем. Троиные системы
"Химия", Москва, 1977.

[37] D. Babel et al. Crystal Chemstry of fluorides. Solid Chemistry of
Fluorides. Springer-Verlag, Berlin, 1986.

［38］ P. A. Tanner, et al. Analysis of spectral data and comparative energy level parametrizations for Ln3+in cubic elpasolite crystals. J. of Alloy and Compounds, 1994, 215：349 - 370.

［39］ Chen Nianyi, Lu Wencong, et al. Regularities of formation of ternary intermetallic compounds：Part 1. Ternary intermetallic compounds between nontransition elements；Part 2. Ternary compounds between transition elements；Part 3. Ternary compounds between one nontransition element and two transition elements. J. of Alloys and compounds, 1999, 289：120 - 134.

［40］ Zeng Wenming, Cheng Nianyi. Computerized prediction of interaction parameters and phase diagrams of the immiscible binary systems of nontransition-nontransition metals. CALPHAD, 1997, 21：289 - 293.

［41］ Chen Nianyi et al. J of Alloys and Compounds, 1987, 245：179.

［42］ Yao Lixiu, Qin Pei, Cheng Nianyi. TICP — an expert system applied to predict the formation of ternary intermetallic compounds. CALPHAD, 2001, 25：27 - 30.

［43］ Chen Nianyi. Technical programs and abstract of CALPHAD, 1998：42.

［44］ P. Villars. Data Bank "Ternary Alloy Systems".

［45］ MEHROTRA, B. N., HAHN, TH., EYSEL, W. & ARNOLD, H. 1984.

［46］ SCHUBERT, H. & EYSEL, W. Proceedings of the Sixth International Conference on Thermal Analysis, 1980, 93 - 98.

［47］ 陈念贻,钦佩,陈瑞亮,等. 模式识别在化学化工中的应用. 北京:科学出版社,2000.

［48］ Muller O., Roy R. The Major Ternary Structural Families. Berlin：Springer-Verlag, 1974：181 - 229.

［49］ 陈念贻. 键参数函数及其应用. 北京：科学出版社,1976.

［50］ 陈念贻,陆文聪,包新华,等.熔盐相图的计算机预报和熔盐相图智能数据库研究. 中国稀土学报, 2002, 20：170 - 175.

［51］ 顾菡珍,叶于浦. 相平衡和相图基础. 北京：北京大学出版社,1991.

第四章 数据挖掘在材料
设计中的应用

4.1 引言

材料设计和配方优化所采用的"咸则加水,淡则加盐"的"炒菜式"(trial and error method),费时费力,往往事倍功半。材料设计是材料研究过程中必须首先解决的问题,材料的设计水平直接关系到材料结构和性能水平。近年来随着计算机技术的发展和应用,给材料设计注入了巨大的活力,使得材料的结构分析、建模计算和模拟物理化学行为成为可能,各种专家系统和智能化系统不断应用于各种材料设计方面,取得令人瞩目的成绩。将数据挖掘等信息技术用于材料设计,可用较少的试验获得较为理想的材料,达到事半功倍的效果[1]。

In_2O_3 作为一种新型的气敏材料,以其较高的灵敏度和选择性日益引起人们的重视[10-11]。人们已经成功研制了烧结型和厚膜型 In_2O_3 气敏传感器,但存在功耗大、一致性和抗干扰性差等不足,而薄膜型气敏元件却可以很容易改善这些方面的性能[12]。这是基于纳米薄膜具有粒径小、比表面积大、结晶表面催化活性强以及多孔结构等特点。薄膜的厚度直接影响着气敏材料的性质。

本章将支持向量机回归这一新方法用于半导体纳米气化铟薄膜厚度控制的优化,建立了三类不同范围内氧化铟薄膜厚度控制的SVR数学模型,并与传统方法建模结果作了比较。

4.2 数据集的获取和计算方法

纳米 In_2O_3 成膜厚度问题是一个多因子相关问题。上海大学

潘庆谊等人以 $InCl_3 \cdot 4H_2O$ 为前驱体原料,加入少量分散剂,采用溶胶-凝胶法制备了 $In(OH)_3$ 凝胶,再加入一定量的 PVA,以浸渍提拉法制备 In_2O_3 薄膜,以不同速度提拉,重复多次后即得到一定厚度的薄膜,于 110℃烘干半小时,再在 400℃热处理 1 小时得到 In_2O_3 薄膜,以称重法计算膜厚,制备得到不同厚度的纳米氧化铟薄膜。将数据信息采掘技术(可同时改变配方及工艺参数,而非单因子试探)用于该实验的数据,讨论其成膜形成过程中膜厚与提拉速度、提拉次数、PVA 浓度、涂布液的黏度及 In_2O_3 的浓度的影响,试图通过调节可控参数,控制 In_2O_3 的成膜厚度及薄膜的综合性能,具体样本如表 4.1 所示。

表 4.1 氧化铟薄膜厚度和影响因素数据

厚度/nm	提拉速度/(cm/min)	提拉次数/次	黏度/cP	In_2O_3 浓度/%	PVA 浓度/%
75.03	3.14	4	38.17	0.03	0.05
74.81	3.31	4	38.17	0.03	0.05
79.53	3.14	4	38.17	0.03	0.05
79.46	2.35	3	38.17	0.03	0.05
79.14	2.49	3	38.17	0.03	0.05
80.01	2.07	3	38.17	0.03	0.05
72.57	2.02	3	38.17	0.03	0.05
34.23	3.45	4	6.978	0.03	0.03
52.79	4.36	4	18.85	0.03	0.04
38.97	2.43	3	18.85	0.03	0.04
77.8	6.1	5	18.85	0.03	0.04
69.6	6.5	5	18.85	0.03	0.04
77.39	6.19	5	18.85	0.03	0.04
70.65	6.04	5	18.85	0.03	0.04
44.79	3.99	4	18.85	0.03	0.04

厚度 /nm	提拉速度 /(cm/min)	提拉次数 /次	黏度 /cP	In_2O_3 浓度 /%	PVA 浓度 /%
54.38	3.69	4	18.85	0.03	0.04
54.41	4.01	4	18.85	0.03	0.04
40.01	3.87	4	6.978	0.03	0.03
46.32	4.12	4	6.978	0.03	0.03
53.63	5.92	5	6.978	0.03	0.03
46.8	5.57	5	6.978	0.03	0.03
55.98	6.14	5	6.978	0.03	0.03
39.7	5.21	5	6.978	0.03	0.03
33.64	2.33	3	6.978	0.03	0.03
20.06	2.67	3	6.978	0.03	0.03
20.06	2.57	3	6.978	0.03	0.03
21.52	2.95	3	6.978	0.03	0.03
89.06	4.13	4	10.288	0.05	0.03
81.11	4.17	4	10.288	0.05	0.03
79.97	4.41	4	10.288	0.05	0.03
84.56	4.46	4	10.288	0.05	0.03
69.19	2.64	3	10.288	0.05	0.03
57.35	2.61	3	10.288	0.05	0.03
51.66	2.38	3	10.288	0.05	0.03
73.74	2.83	3	10.288	0.05	0.03
97.84	2.76	3	22.39	0.05	0.04
57.72	2.61	3	22.39	0.05	0.04
39.04	2.39	3	18.85	0.03	0.04
38.58	2.44	3	18.85	0.03	0.04
41.23	4.08	4	6.978	0.03	0.03

厚　度 /nm	提拉速度 /(cm/min)	提拉次数 /次	黏　度 /cP	In$_2$O$_3$ 浓度 /%	PVA 浓度 /%
78. 95	2. 62	3	12. 227	0. 07	0. 03
86. 44	2. 86	3	12. 227	0. 07	0. 03
89. 71	2. 94	3	12. 227	0. 07	0. 03
44. 79	2. 62	3	18. 85	0. 03	0. 04
163. 83	3. 64	4	83. 23	0. 03	0. 07
154. 04	3. 39	4	83. 23	0. 03	0. 07
140. 26	2. 99	4	83. 23	0. 03	0. 07
257. 87	2. 77	3	83. 23	0. 03	0. 07
131. 68	2. 64	3	83. 23	0. 03	0. 07
129. 85	2. 61	3	83. 23	0. 03	0. 07
134. 59	2. 85	3	83. 23	0. 03	0. 07
145. 1	3. 29	5	83. 23	0. 03	0. 07
170. 54	3. 63	5	83. 23	0. 03	0. 07
155. 93	3. 45	5	83. 23	0. 03	0. 07
146. 48	4. 29	5	83. 23	0. 03	0. 07
127. 04	5. 06	5	38. 17	0. 03	0. 05
129. 05	5. 53	5	38. 17	0. 03	0. 05
128. 4	5. 53	5	38. 17	0. 03	0. 05
131. 37	5. 32	5	38. 17	0. 03	0. 05
269. 69	2. 58	3	141. 784	0. 05	0. 07
267. 16	2. 8	3	141. 784	0. 05	0. 07
269. 99	2. 67	3	77. 954	0. 05	0. 06
263. 68	2. 9	3	77. 954	0. 05	0. 06
299. 19	4. 03	4	77. 954	0. 05	0. 06
298. 9	4	4	77. 954	0. 05	0. 06

续　表

厚　度 /nm	提拉速度 /(cm/min)	提拉次数 /次	黏　度 /cP	In$_2$O$_3$ 浓度 /%	PVA 浓度 /%
275.49	2.85	3	77.954	0.05	0.06
112.21	5.48	5	10.288	0.05	0.03
112.21	5.85	5	10.288	0.05	0.03
117.32	5.78	5	10.288	0.05	0.03
113.57	6.25	5	10.288	0.05	0.03
173.07	4.15	4	48.987	0.05	0.05
184.35	3.8	4	48.987	0.05	0.05
159.98	4.19	4	48.987	0.05	0.05
176.7	4.15	4	48.987	0.05	0.05
151.11	2.9	3	48.987	0.05	0.05
154.55	3.04	3	48.987	0.05	0.05
145.95	2.69	3	48.987	0.05	0.05
130.97	2.54	3	48.987	0.05	0.05
239.23	5.84	5	48.987	0.05	0.05
226.81	5.66	5	48.987	0.05	0.05
231.13	5.6	5	48.987	0.05	0.05
238.7	5.73	5	48.987	0.05	0.05
273.82	3.52	4	54.524	0.03	0.06
231.88	3.49	4	54.524	0.03	0.06
218.85	3.62	4	54.524	0.03	0.06
210.94	3.59	4	54.524	0.03	0.06
196.03	2.32	3	54.524	0.03	0.06
211.69	2.27	3	54.524	0.03	0.06
196.65	2.71	3	54.524	0.03	0.06
196.47	2.51	3	54.524	0.03	0.06

厚　度 /nm	提拉速度 /(cm/min)	提拉次数 /次	黏　度 /cP	In$_2$O$_3$ 浓度 /%	PVA 浓度 /%
260.61	5.12	5	54.524	0.03	0.06
296.08	5.27	5	54.524	0.03	0.04
175.41	3.42	4	22.39	0.05	0.04
210.92	3.45	4	22.39	0.05	0.04
207.16	3.47	4	22.39	0.05	0.04
280.53	2.97	3	77.954	0.05	0.06
102.54	2.75	3	12.227	0.07	0.03
124.51	4	4	12.227	0.07	0.03
117.75	3.52	4	12.227	0.07	0.03
119.89	4.02	4	12.227	0.07	0.03
102.64	3.83	4	12.227	0.07	0.03
144.82	5.93	5	12.227	0.07	0.03
151.2	5.83	5	12.227	0.07	0.03
160.17	6.07	5	12.227	0.07	0.03
173.2	6.56	5	12.227	0.07	0.03
184.2	4.27	4	35.163	0.07	0.04
176.34	4.08	4	35.163	0.07	0.04
165.7	3.92	4	35.163	0.07	0.04
180.11	3.7	4	35.163	0.07	0.04
156.57	3.06	3	35.163	0.07	0.04
150.91	3.07	3	35.163	0.07	0.04
158.46	3.25	3	35.163	0.07	0.04
174.16	3.13	3	35.163	0.07	0.04
216.68	6.53	5	35.163	0.07	0.04
233.07	6.8	5	35.163	0.07	0.04

续 表

厚 度 /nm	提拉速度 /(cm/min)	提拉次数 /次	黏 度 /cP	In_2O_3 浓度 /%	PVA 浓度 /%
219.73	6.5	5	35.163	0.07	0.04
213.68	2.85	3	83.598	0.07	0.06
245.37	2.8	3	53.764	0.07	0.05
238.15	2.67	3	53.764	0.07	0.05
259.09	3.31	3	53.764	0.07	0.05
254.09	3.03	3	53.764	0.07	0.05
268.99	3.63	4	53.764	0.07	0.05
283.26	3.83	4	53.764	0.07	0.05
332.33	3.91	4	77.954	0.03	0.06
354.27	3.81	4	141.784	0.05	0.07
400.45	3.87	4	141.784	0.05	0.07
343.86	3.77	4	141.784	0.05	0.07
304.07	2.81	3	141.784	0.05	0.07
386.32	5.96	5	141.784	0.05	0.07
421.87	5.82	5	141.784	0.05	0.07
323.86	4.01	4	77.954	0.05	0.06
390.69	6.48	5	53.764	0.07	0.05
324.08	6.4	5	53.764	0.07	0.05
302.21	5.21	5	54.524	0.03	0.06
321.16	5.54	5	54.524	0.03	0.06
387.09	5.98	5	77.954	0.05	0.06
392.59	6.58	5	77.954	0.05	0.06
412.79	6.41	5	77.954	0.05	0.06
373.15	5.84	5	77.954	0.05	0.06
352.47	3.87	4	83.598	0.07	0.06

续　表

厚度 /nm	提拉速度 /(cm/min)	提拉次数 /次	黏度 /cP	In_2O_3 浓度 /%	PVA 浓度 /%
342.04	3.95	4	83.598	0.07	0.06
374.38	4.08	4	83.598	0.07	0.06
338.53	2.84	3	83.598	0.07	0.06
415.6	3.05	3	83.598	0.07	0.06
337.62	2.7	3	83.598	0.07	0.06
487.26	6.44	5	83.598	0.07	0.06
458.85	5.96	5	83.598	0.07	0.06
453.15	6.02	5	83.598	0.07	0.06
481.91	6.02	5	83.598	0.07	0.06
316.89	3.85	4	53.764	0.07	0.05
300.3	4.28	4	53.764	0.07	0.05
337.2	6.35	5	53.764	0.07	0.05
378.21	6.56	5	53.764	0.07	0.05

　　本工作采用支持向量机算法(包括 SVR)、人工神经网络(ANN)、多元线性回归方法(MLR)和模式识别方法,用"Master"[2, 3]和 SVM 软件包[4]进行计算,该软件的可靠性已在一些化学、化工应用中得到证实[2, 5-9]。所有计算在 Pentium Ⅳ 微机上进行。

　　将样本按纳米氧化铟半导体薄膜厚度范围分为三类,厚度小于100 nm 的为"1"类样本,100～300 nm 的为"2"类样本,其余为"3"类样本。分别对上述三类样本进行训练与建模。

4.3　三类薄膜厚度样本的 SVR 回归建模和留一法结果

　　留一法是检验模型稳定性和预测能力的一种较为客观的交互检

验方法。根据留一法结果选择三类样本体系 SVR 建模所需核函数的
类型、惩罚因子 C 以及不敏感函数 ε。

　　根据三种核函数在不同 C 值时的 MRE 值(图 4.1)和选定最佳 C
值时不同 ε 值下的 MRE 值(图 4.2),优化筛选得到纳米氧化铟半导
体薄膜"1"类样本的建模条件为多项式核函数、$C = 10$、$\varepsilon = 0.09$,此时
MRE 最小,为 12.225%。

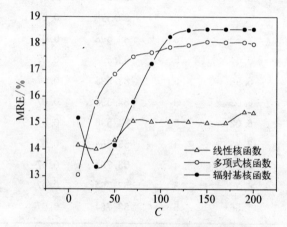

**图 4.1　In₂O₃ 薄膜"1"类样本厚度的 MRE 与
C 在不同核函数时对比($\varepsilon = 0.15$)**

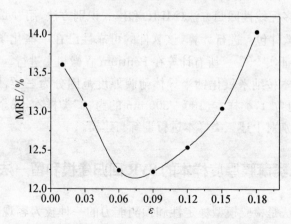

图 4.2　In₂O₃ 薄膜"1"类样本厚度的 MRE 随 ε 变化趋势($C = 10$)

同理,根据三种核函数在不同 C 值时的 MRE 值(图 4.3)和选定
最佳 C 值时不同 ε 值下的 MRE 值(图 4.4),筛选得到纳米氧化铟半
导体薄膜"2"类样本的建模条件为径向基核函数、$C=30$、$\varepsilon=0.002\,1$,
此时 MRE 最小,为 9.868%。根据"3"类样本的三种核函数在不同 C
值时的 MRE 值(图 4.5)和选定最佳 C 值时不同 ε 值下的 MRE 值

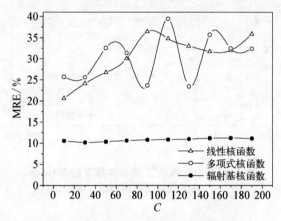

图 4.3　In$_2$O$_3$ 薄膜"2"类样本厚度的 MRE 与
C 在不同核函数时对比($\varepsilon=0.01$)

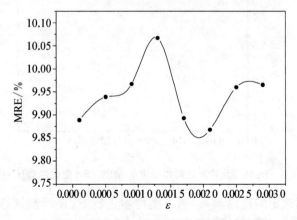

图 4.4　In$_2$O$_3$ 薄膜"2"类样本厚度的 MRE 随 ε 变化趋势($C=30$)

（图4.6），选用建模条件为径向基核函数、$C=70$、$\varepsilon=0.15$，此时 MRE 为 6.433％。

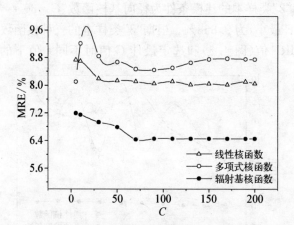

**图 4.5　In$_2$O$_3$ 薄膜"3"类样本厚度的 MRE 与
C 在不同核函数时对比($\varepsilon=0.15$)**

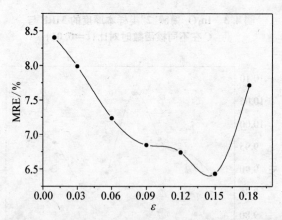

图 4.6　In$_2$O$_3$ 薄膜"3"类样本厚度的 MRE 随 ε 变化趋势($C=70$)

　　根据选定的建模参数，对三类样本进行 SVR 回归训练，建立模型，所得的支持向量回归示意图见图 4.7～图 4.9。

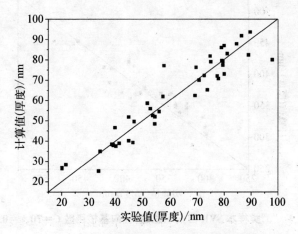

图 4.7 "1"类样本 SVR 回归示意图(多项式核函数 $C=10$, $\varepsilon=0.09$)

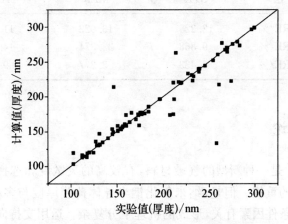

图 4.8 "2"类样本 SVR 回归示意图(径向基核函数 $C=30$, $\varepsilon=0.0021$)

本工作还用多元线性回归和 BP 人工神经网络建立模型,以"留一法"比较多元线性回归、BP 人工神经网络和支持向量回归的 MRE 值,见表 4.2。

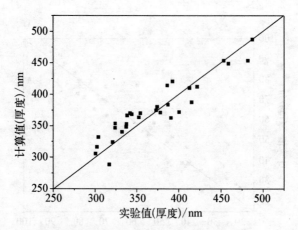

图 4.9 "3"类样本 SVR 回归示意图(径向基核函数 $C=70, \varepsilon=0.15$)

表 4.2 不同数据挖掘方法对氧化铟薄膜厚度预报的统计误差

算 法	SVR	MLR	ANN
"1"类 MRE/%	12.225	13.022	11.998
"2"类 MRE/%	9.868	23.374	14.854
"3"类 MRE/%	6.433	8.277	9.188

4.4 讨论

In$_2$O$_3$ 是一种新型的气敏材料,有较高的灵敏度和选择性,日益引起人们的重视。但是,纳米氧化铟半导体薄膜厚度与多种工艺条件和实验条件因素有关,形成的机理十分复杂。运用支持向量回归、多元线性回归、人工神经网络等算法,总结了三类样本的纳米氧化铟半导体薄膜厚度的控制条件,并用留一法对建立的数学模型进行检验,各类样本的"留一法"预报结果显示,支持向量回归的结果较好,只有"1"类样本 ANN"留一法"预报结果稍优于 SVR 算法。

计算结果表明,涂布液的黏度对三类样本影响都比较小,氧化铟浓度对薄膜厚度影响最大,起决定作用,而 PVA 浓度在三类样本中影响都很大,但效果不同。三类氧化铟薄膜厚度都是随着提拉速度增加而增加的,这是因为该涂布液属于层流液体。

参 考 文 献

[1] Howe A A, Farrugia D C J. Alloy design: from composition to through process models. Material Science and Technology, 1999, 15(1): 15 - 21.

[2] 陈念贻,钦佩,陈瑞亮,等. 模式识别在化学化工中的应用. 北京:科学出版社,2000.

[3] Chen Nianyi, Lu Wencong, Chen Ruiliang. Chemometric Methods Applied to Industrial Optimization and Materials Optimal Design. Chemometrics and Intelligent Laboratory System, 1999, 45: 329 - 333.

[4] 陆文聪,陈念贻,叶晨洲,等. 支持向量机算法和软件 ChemSVM 介绍. 计算机与应用化学, 2002, 19(6): 697 - 702.

[5] Cheng Nianyi, Lu Wencong, et al. Regularities of formation of ternary intermetallic compounds: Part 1. Ternary intermetallic compounds between nontransition elements; Part 2. Ternary compounds between transition elements; Part 3. Ternary compounds between one nontransition element and two transition elements. J. of Alloys and Compounds, 1999, 289: 120 - 134.

[6] Zeng Wenming, Cheng Nianyi. Computerized prediction of interaction parameters and phase diagrams of the immiscible binary systems of nontransition-nontransition metals. CALPHAD, 1997, 21: 289 - 293.

[7] Cheng Nianyi, et al. On the formation of ternary alloy phases. J. of Alloys and Compounds, 1987, 245: 179 - 187.

[8] Yao Lixiu, Qin Pei, Cheng Nianyi. TICP — an expert system applied to predict the formation of ternary intermetallic compounds. CALPHAD, 2001, 25: 27 - 30.

[9] Chen Nianyi. Technical programs and abstract of CALPHAD, 1998: 42.

[10] Hiroyuki Yamaura, et al. Indium oxide-based gas sensor selective detection of CO. Sensors and Actuators, 1996, 35: 325 - 332.

[11] Wan-Young Chung, et al. Spin-coated indium oxide thin films on alumina and silicon substrates and their gas sensing properties. Sensors and Actuators, 2000, 65: 312 - 315.

[12] 王建恩，王运涛. 三氧化二铟基透明导电膜光电性能研究. 功能材料，1995, 26(2): 141 - 146.

第五章 结论和展望

5.1 结论

本论文的工作基本建成熔盐相图智能数据库,并将结合了原子参数-数据挖掘技术和支持向量机方法的熔盐相图智能数据库技术用于若干熔盐系相图的评估和预报:

(1)根据对 $MeBr - Me'Br_2$ 类相图建模、预报的结果,应用 DTA 和 XRD 方法对有疑问的相图 $CaBr_2 - CsBr$ 重测,测得 $CsBr - CaBr_2$ 系相图,发现该体系不是简单共晶型相图,确有中间化合物生成。

(2)运用熔盐相图智能数据库技术,研究了白钨矿型钼酸盐、钨酸盐和含稀土钼酸盐、钨酸盐形成异价固溶体的条件,建立了碱金属-稀土钼酸盐和钨酸盐的晶型以及这些化合物与稀土钼酸盐或钨酸盐形成连续固溶体的判据,并求得这类化合物的晶胞参数的计算式;计算表明:各组分元素的离子半径和电负性是影响固溶体形成、晶型和晶胞参数的主要因素。根据本文所得经验式估计 $TlPr(MoO_4)_2 - Pr_2(MoO_4)_3$ 系固溶体情况与实测结果一致。

(3)运用熔盐相图智能数据库技术,研究了:① 钙钛矿结构的复卤化物的若干规律性。结合钙钛矿结构几何模型的论证,探索卤化物系中钙钛矿结构形成和晶格畸变的原子参数判据。计算表明,用 Goldschmidt 提出的容许因子 t 与组分元素的离子半径、电负性以及表征配位场影响的原子参数共同张成多维空间,可在其中求得判别钙钛矿结构形成和晶格畸变的有效判据。并能估算立方结构的钙钛矿型化合物的晶格常数。② 含钙钛矿结构层的夹层化合物的规律。在分析晶格能和已知相图数据的基础上,提出能解释和预测 K_2NiF_4

型的复氧化物、复卤化物的结晶化学模型。认为这类夹层化合物形成的推动力主要源于高价阳离子间距离拉长导致的静电势能下降；这类化合物形成的阻力主要来自因夹层间晶格匹配所产生的内应力。据此提出表征夹层化合物形成条件和晶胞参数的半经验判据和方程式。用以估计 $CsBr - PbBr_2$ 等盐系的化合物形成情况，与实验结果相符合。③ 钾冰晶石型化合物的结晶化学规律。建立了钾冰晶石结构形成条件和晶胞常数计算的数学模型。认为除容许因子 t 外，阴阳离子半径比和电负性差也是决定钾冰晶石结构形成的必要条件。④ 钙钛矿结构的合金中间相的若干规律。对于具有钙钛矿结构的含碳、氮或硼的金属间化合物，其形成条件不能简单地用 Goldschmidt 提出的容许因子公式判别。但若用 A、B 原子的金属半径、电负性和次内层 d 电子数为参数，用模式识别方法可以求得合金系形成钙钛矿型中间相的判据。也可求出计算钙钛矿型中间相的晶胞参数的经验式。

(4) 运用熔盐相图智能数据库技术，研究了 $1-2$ 价型同阴离子体系形成连续固溶体的条件，求得 $Na_2SO_4(I)$ 型结构形成的判别式和这类化合物晶胞参数的计算式。发现几何因素（阴阳离子半径以及阴阳离子半径的各种函数）是影响 $Na_2SO_4(I)$ 型结构化合物连续固溶体、晶型的形成和晶胞参数的重要因素。还研究了 CO_3^{2-}、CrO_4^{2-}、SO_4^{2-}、WO_4^{2-}、MoO_4^{2-} 碱金属熔盐系形成固溶体的判别规律和这类相图中连续固溶体液相线极小点温度的定量预报。各种算法（SVC、ANN、KNN、Fisher 法等）建模结果比较，SVC 留一法预报正确率较高，模型稳定性好。

(5) 运用原子参数-支持向量机算法研究半导体纳米氧化铟薄膜制备中厚度的控制和优化，建立了氧化铟薄膜厚度优化的定量数学模型。

上述研究结果表明：结合了原子参数-数据挖掘技术和支持向量机方法的熔盐相图智能数据库技术能够评估若干熔盐相图体系；总结若干熔盐体系形成固溶体的规律和钙钛矿及类钙钛矿结构物相的

若干规律性。其计算结果对材料设计有一定参考价值。熔盐相图智能数据库有望成为熔盐化学研究和相关新材料开发的有用工具。

5.2　展望

材料设计是研究材料的合成和制备问题的终极目标之一。随着计算机信息处理技术的建立和发展,人们能将物理、化学理论和大批杂乱的实验资料沟通起来,以智能数据库的形式对新材料研制提供有用的信息。

熔盐相图智能数据库建设的一个重要目的就是利用智能数据库技术对现有熔盐相图数据进行评估,并作进一步的相图计算和预测,进而服务于材料设计。

进行相图评估与计算的流程大致是:① 收集各种相图和相平衡资料;② 评估热力学数据的可靠性;③ 通过实验补充热力学数据;④ 利用量子化学计算或分子动力学计算补充热力学数据;⑤ 原子参数-数据挖掘方法预测相图特征;⑥ 热力学方法计算相图。

熔盐相图智能数据库的程序已经基本完成,可望利用量子化学计算或分子动力学计算补充热力学数据并结合热力学方法计算相图。熔盐相图智能数据库将尝试集成各种有效的相图计算工具,实现一定程度的相图评估和相图计算自动化,有效地服务于材料设计,推进材料设计和材料研究的发展。

随着网络资源和技术的发展,未来的相图智能数据库有望形成非常有用的共享资源和工具,为新材料的探索研究提供更好的服务。

附录　本文所用文献算法概括

在材料设计、工业优化、相图计算等领域中常用的数据挖掘方法有 K 最近邻法（KNN）、主成分分析（PCA）、偏最小二乘法（PLS）、Fisher 判别分析法、多元线性回归（MLR）、BP 人工神经网络（BP ANN）以及最新算法——支持向量机分类和回归（SVC、SVR）等。下面介绍本文中所用的主要数据挖掘方法的文献算法。

A.1　KNN 法及其衍生法

KNN 法，也称 K 最近邻法，即未知样本的类别由其 K 个（K 为单数整数）近邻的类别所决定。若近邻中某一类样本最多，则可将未知样本也判为该类。在多维空间中，各点间的距离通常规定为欧几里得距离。样本点 i 和样本点 j 间的距离 d_{ij} 可表示为

$$d_{ij} = \Big[\sum_{k=1}^{M} (X_{ik} - X_{jk})^2 \Big]^{1/2}$$

一种简化的算法称为类重心法，即先将训练集中每类样本点的重心求出，然后计算未知样本点与各类的重心的距离。未知样本与哪一类重心距离最近，即将未知样本判为哪一类。

与 KNN 法很接近的是势函数法，它将每一个已知样本的代表点看作一个势场的源，不同类的样本的代表点的势场可有不同的符号，势场场强 $Z(D)$ 是对源点距离 D 的某种函数，即：

$$Z(D) = \frac{1}{D} \text{ 或 } Z(D) = \frac{1}{1 + qD^2}$$

此处 q 为可调参数。所有已知样本点的场分布在整个空间并相

互重叠,对未知样本点,可判断它属于在该处造成最大势场的那一类,在两类分类时,可令两种样本的势场符号相反,势场差的符号即可作为未知点的归属判据,此时判别函数 V 为

$$V = \sum_{i=1}^{N} \frac{K_i}{D_i}$$

此处 $K_i = 1$ 或 -1,代表两类点的符号。

A.2 主成分分析方法

主成分分析法(Principal Component Analysis,PCA)是一种最古老的多元统计分析技术。Pearcon 于 1901 年首次引入主成分分析的概念,Hotelling 在 20 世纪 30 年代对主成分分析进行了发展,现在主成分分析法已在社会经济、企业管理以及地质、生化、医药等各个领域中得到广泛应用。主成分分析的目的是将数据降维,以排除众多化学信息共存中相互重叠的信息,把原来多个变量组合为少数几个互不相关的变量,但同时又尽可能多地表征原变量的数据结构特征而使丢失的信息尽可能地少。求主成分的方法与步骤可概括如下:

(1)计算标准化因素矩阵 $\boldsymbol{X}$ 及其协方差阵 $\boldsymbol{C}$:

$$\boldsymbol{C} = \boldsymbol{X}^{\mathrm{T}} \boldsymbol{X}$$

$\boldsymbol{X}^{\mathrm{T}}$ 为 $\boldsymbol{X}$ 的转置矩阵。

(2)用 Jacobi 变换求出 $\boldsymbol{C}$ 的 M 个按大小顺序排列的非零特征根 $\lambda_i (i=1, 2, \cdots, M)$ 及其相应的 M 个单位化特征向量,构成如下 $M \times M$ 阶特征向量集矩阵:

$$\boldsymbol{V} = (v_{ij})_{M \times M} = \begin{bmatrix} v_{11} & v_{12} & \cdots & v_{1M} \\ v_{21} & v_{22} & \cdots & v_{2M} \\ \vdots & \vdots & & \vdots \\ v_{M1} & v_{M2} & \cdots & v_{MM} \end{bmatrix}$$

其中每一列代表一个特征向量。

(3) 计算主成分矩阵 $\mathbf{Y}$：

$$\mathbf{Y} = \mathbf{XV} = \begin{bmatrix} y_{11} & y_{12} & \cdots & y_{1M} \\ y_{21} & y_{22} & \cdots & y_{2M} \\ \vdots & \vdots & & \vdots \\ y_{N1} & y_{N2} & \cdots & y_{NM} \end{bmatrix}$$

设第 i 个主成分的方差贡献率为 D_c，则

$$D_c = \frac{\lambda_i}{\sum\limits_{j=1}^{k} \lambda_j}$$

设前 q 个 $(q \leqslant k)$ 主成分的累积方差贡献率为 D_{ac}，则

$$D_{ac} = \frac{\sum\limits_{i=1}^{q} \lambda_i}{\sum\limits_{j=1}^{k} \lambda_j}$$

在实际应用中可取前几个对信息量贡献较大（即 D_c 较大）的主成分便可达到空间维数下降而使信息量丢失尽可能少的目的。若取两个主成分构成投影平面即可在平面上剖析数据结构。

主成分分析的几何意义是一个线性的旋轴变换，使第一主成分指向样本散布最大的方向，第二主成分指向样本散布次大的方向，以此类推（见图 A.1）。

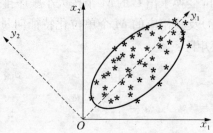

图 A.1 主成分分析的几何意义（示意图）

A.3 偏最小二乘法

偏最小二乘法(partial least squares，PLS)是 20 世纪 70 年代建立起来的新的主成分方法。为了区别原主成分方法，常称为 PLS 成分。大部分 PLS 方法被应用于回归建模，在很大程度上，取代了一般的多元回归和主成分回归。PLS 是数据信息采掘的主要空间变换方法之一。

PLS 有以下的优点：

(1) 和 PCA 相似，PLS 也能排除原始变量相关性；

(2) 既能过滤自变量的噪声，也能过滤因变量的噪声；

(3) 描述模型所需特征变量数目比 PCA 少，预报能力更强，更稳定。

优化实践表明，PLS 是空间变换的主要数学方法之一。在低维的 PLS 空间，进行模式识别和模式优化，包括 PLS 回归建模以及基于 PLS 的神经网络建模，对偏置型数据集能有很好的效果。

PLS 算法步骤如下：

(1) 取目标变量 Y 的第一列作为目标负载的初值：

$$u \leftarrow Y_j$$

(2) 在自变量 X 块，让因变量 Y 块的得分和自变量混合，求其权重：

$$w = X^T u/(u^T u)$$

(3) 归一化：

$$w = w/\parallel w \parallel$$

(4) 求 X 块的得分：

$$t = Xw/(w^T w)$$

2005 年上海大学
博士学位论文 ■

(5) 在因变量 Y 块,用 X 块的得分和因变量混合,求其负载:

$$c = Y^T t/(t^T t)$$

(6) 归一化:

$$c = c/\|c\|$$

(7) 求 Y 块的得分:

$$u = Yc/(c^T c)$$

(8) 如第(4)步的 t 前次迭代的 t 差别小某一个阈值(即 $\|t - t_{o/d}\|/\|t\| < e$,$e$ 为 10^{-8}),转第(9)步;否则,转第(2)步。

(9) 计算 X 块的负载:

$$p = X^T t/(t^T t)$$

(10) 计算 Y 块的负载:

$$q = Y^T u/(u^T u)$$

(11) 求 X 和 Y 内部关系的回归系数:

$$v = u^T t/(t^T t)$$

(12) 求残差矩阵并赋给 X 和 Y:

$$X \leftarrow X - tp^T \qquad Y \leftarrow Y - vtq^T$$

这样,完成了一个 PLS 成分,再到第(1)步,直到完成所需要的成分。一般是计算全部自变量数目(M 个)的 PLS,在抽取特征变量时再根据需要删去后面成分。在上述迭代中,因为有第(12)步 X 和 Y 阵用其残差代入,故可使得每次求得的 t_h 之间相互正交。

A.4 Fisher 判别分析法

若整个样本集中仅有两个类别,则多重判别矢量法只能产生一

个判别矢量 P_1，此即为有名的 Fisher 判别矢量。但是，欲将数据投影到判别平面上，必须另再选择一个第二矢量。Sammon 提出了解决此问题的一种算法，介绍如下：

首先用多重判别矢量法求出 Fisher 判别矢量 P_1（由于此时 B 的秩数为 1，故仅能得一个非零的本征值，其相应的本征矢量即为 Fisher 判别矢量 P_1）。

$$P_1 = \alpha W^{-1}\big[m_1 - m_2\big] = \alpha W^{-1}\,\Delta$$

式中 $\Delta = m_1 - m_2$，α 是一个使 P_1 变成单位矢量的规范常数。为构成最优判别平面中的第二矢量 P_2，可求取判别比值 R 的最大值

$$R = \frac{P_2^{\mathrm{T}} B P_2}{P_2^{\mathrm{T}} W P_2}$$

在 P_1 必须与 P_2 正交的约束条件

$$P_2^{\mathrm{T}} P_1 = 0$$

R 的最大化过程可通过使下列方程最大化而获得：

$$\frac{P_2^{\mathrm{T}} B P_2}{P_2^{\mathrm{T}} W P_2} - \lambda P_2^{\mathrm{T}} P_1$$

式中 λ 为 Lagrange 乘子。上式对 P_2 求导并解得

$$P_2 = \beta\bigg[W^{-1} - \frac{\Delta^{\mathrm{T}}(W^{-1})^2\Delta}{\Delta^{\mathrm{T}}(W^{-1})^3\Delta}(W^{-1})^2\bigg]\Delta$$

式中 β 是一个使 P_2 为单位矢量的规范常数。

用这两个矢量 P_1 和 P_2 并通过数据的原点即可形成最优判别平面。这种判别平面之所以为最优，是因为这两个单位矢量都是各自在独立的正交约束条件下，用判别比值 R 最大化而求得的。

最优判别平面在交互式模式识别中已得到广泛应用。它常常使得某两类模式在其他方法中不是线性可分时，用了最优判别平面可明显地区别开来。

A. 5　人工神经网络简介

人工神经网络是一种试图模拟生物体神经系统结构的新型信息处理系统,特别适于模式识别和复杂的非线性函数关系拟合等,是从实验数据中总结规律的有效手段。"反向传播"(Back - Propagation, B‐P)网络是目前应用最广的一类人工神经网络,它是一种以有向图为拓扑结构的动态系统,也可看作是一种高维空间的非线性映射。

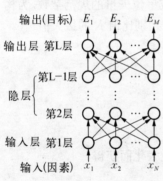

图 A. 2　典型的 B‐P 网络

典型的 B‐P 网络示意于图 A. 2,设 w_{ji}^l 为 $l-1$ 层上节点 i 至 l 层上节点 j 的连接权值,Net_j^l 和 Out_j^l 分别为 l 层上节点 j 的输入值和输出值,且 $Out_0^l \equiv 1$,$X_i (i=1, \cdots, N)$ 为网络的输入因素,转换函数 f 为 Sigmoid 形式

$$f(x) = \frac{1}{1+e^{-x}}$$

则 B‐P 网络的输出与输入之间的关系如下:

$$\begin{cases} Out_j^1 = x_j\ (j = 0, 1, \cdots, N) \\ \vdots \\ Net_j^l = \sum_{i=0}^{pot(l-1)} w_{ji}^l Out_i^{l-1}\ (l = 2, 3, \cdots, L) \\ Out_j^l = f(Net_j^l)\ (j = 1, 2, \cdots, pot(l)) \\ \vdots \\ \hat{E}_j = Out_j^L\ (j = 1, 2, \cdots, M) \end{cases}$$

其中 $pot(l) (l=1, 2, \cdots, L)$ 为各层节点数,且 $pot(1)=N$,$pot(L)=M$,$\hat{E}_j$ 为目标 E_j 的估计值。BP 网络的学习过程是通过误差反传算法调整网络的权值 w_{ji},使网络对于已知 n 个样本目标值的

估计值与实际值之误差的平方和

$$J = \frac{1}{2n} \sum_{i=1}^{n} \sum_{j=1}^{M} (E_{ij} - \hat{E}_{ij})^2$$

最小;这一过程可用梯度速降法实现。算法流程如下:

(1) 初始化各权值 $w_{ji}^l (i = \overline{0, pot(l-1)}, j = \overline{0, pot(l)}, l = \overline{2, L})$

(2) 随机取一个样本,计算其 $E_j (j = 1, 2, \cdots, M)$

(3) 反向逐层计算误差函数值 $\delta_j^l (j = \overline{0, pot(l)}, l = \overline{2, L})$

$$\begin{cases} \delta_j^L = f'(Net_j^L)(\hat{E}_j - E_j) & (j = \overline{1, M}) \\ \delta_j^l = f'(Net_j^l) \sum_{i=1}^{pot(l+1)} \delta_i^{l+1} w_{ij}^{l+1} & (l = \overline{(L-1), 2}) \end{cases}$$

(4) 修正权值

$$w_{ji}^l(t+1) = w_{ji}^l(t) - \eta \delta_j^l Out_i^{l-1} + \alpha(W_{ji}^l(t) - W_{ji}^l(t-1))$$

其中 t 为迭代次数,η 为学习效率,α 为动量项。

(5) 重复步骤(2)、(3)、(4),直至收敛于给定条件。

A.6 支持向量分类算法

A.6.1 最优分类超平面

SVC 的基石就是高维空间的大间隔思想。其基本思想可用图 A.3 的二维情况说明。

图中,实心点和空心点代表两类样本,H 为分类线,H_1、H_2 分别为过各类中离分类线最近的样本且平行于分类线的直线,它们之间的距离叫做分类间隔(margin)。所谓

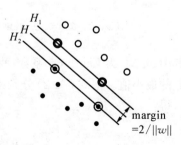

图 A.3 最优分类超平面

最优分类面就是要求分类面不但能将两类样本点基本无误地分开，而且要使两类的分类空隙最大。只要找到了这个最优分类面，就是成功地构造出了一个很好的分类器。

A.6.2 线性可分的情况

首先从最为简单的线性可分的情况入手。d 维空间中线性判别函数的一般形式为 $g(x) = w^{\mathrm{T}}x + b$，分类面方程是 $w^{\mathrm{T}}x + b = 0$，将判别函数进行归一化，使两类所有样本都满足 $|g(x)| \geqslant 1$，此时离分类面最近的样本 $|g(x)| = 1$，而要求分类面对所有样本都能正确分类，就是要求它满足

$$y_i(w^{\mathrm{T}}x_i + b) - 1 \geqslant 0, \quad i = 1, 2, \cdots, n \qquad (A.1)$$

上式中使等号成立的那些样本叫做支持向量（Support Vectors）。两类样本的分类空隙（Margin）的间隔大小为：

$$\text{Margin} = 2/\|w\|$$

因此，最优分类面问题可以表示成如下的约束化化问题：在条件 (A.1) 的约束下，求函数

$$\phi(w) = \frac{1}{2}\|w\|^2 = \frac{1}{2}(w^{\mathrm{T}}w)$$

的最小值。为此，可以定义如下的 Lagrange 函数：

$$L(w, b, \alpha) = \frac{1}{2}w^{\mathrm{T}}w - \sum_{i=1}^{n}\alpha_i[y_i(w^{\mathrm{T}}x_i + b) - 1] \qquad (A.2)$$

其中，$\alpha_i \geqslant 0$ 为 Lagrange 系数，我们的问题是对 w 和 b 求 Lagrange 函数的最小值。把式 (A.2) 分别对 w、b、α_i 求偏微分并令它们等于 0，得：

$$\frac{\partial L}{\partial w} = 0 \Rightarrow w = \sum_{i=1}^{n}\alpha_i y_i x_i$$

$$\frac{\partial L}{\partial \boldsymbol{b}} = \boldsymbol{0} \Rightarrow \sum_{i=1}^{n} \alpha_i \boldsymbol{y}_i = \boldsymbol{0}$$

$$\frac{\partial L}{\partial \alpha_i} = \boldsymbol{0} \Rightarrow \alpha_i \big[\boldsymbol{y}_i (\boldsymbol{w}^{\mathrm{T}} \boldsymbol{x}_i + \boldsymbol{b}) - 1 \big] = \boldsymbol{0}$$

以上三式加上原约束条件可以把原问题转化为如下凸二次规划的对偶问题：

$$\begin{cases} \max \sum_{i=1}^{n} \alpha_i - \dfrac{1}{2} \sum_{i=1}^{n} \sum_{j=1}^{n} \alpha_i \alpha_j \boldsymbol{y}_i \boldsymbol{y}_j (\boldsymbol{x}_i^{\mathrm{T}} \boldsymbol{x}_j) \\[2mm] s.t \quad \alpha_i \geqslant 0, \ i = 1, \cdots, n \\[2mm] \displaystyle\sum_{i=1}^{n} \alpha_i \boldsymbol{y}_i = 0 \end{cases}$$

这是一个不等式约束下二次函数机制问题，存在唯一最优解。若 $\boldsymbol{\alpha}_i^*$ 为最优解，则：

$$\boldsymbol{w}^* = \sum_{i=1}^{n} \boldsymbol{\alpha}_i^* \boldsymbol{y}_i \boldsymbol{x}_i$$

$\boldsymbol{\alpha}_i^*$ 不为零的样本即为支持向量，因此，最优分类面的权系数向量是支持向量的线性组合。

$\boldsymbol{b}^*$ 可由约束条件 $\boldsymbol{\alpha}_i \big[\boldsymbol{y}_i (\boldsymbol{w}^{\mathrm{T}} \boldsymbol{x}_i + \boldsymbol{b}) - 1 \big] = \boldsymbol{0}$ 求解，由此求得的最优分类函数是：

$$f(x) = \mathrm{sgn}((\boldsymbol{w}^*)^{\mathrm{T}} \boldsymbol{x} + \boldsymbol{b}^*) = \mathrm{sgn}\Big(\sum_{i=1}^{n} \boldsymbol{\alpha}_i^* \boldsymbol{y}_i \boldsymbol{x}_i^* \boldsymbol{x} + \boldsymbol{b}^* \Big)$$

sgn( )为符号函数。

A.6.3 非线性可分情形

当用一个超平面不能把两类点完全分开时（只有少数点被错分），可以引入松弛变量 $\xi_i (\xi_i \geqslant 0, \ i = 1, \cdots, n)$，使超平面 $\boldsymbol{w}^{\mathrm{T}} \boldsymbol{x} + \boldsymbol{b} = \boldsymbol{0}$ 满足：

$$y_i(w^T x_i + b) \geqslant 1 - \xi_i$$

当 $0 < \xi_i < 1$ 时样本点 x_i 仍被正确分类,而当 $\xi_i \geqslant 1$ 时样本点 x_i 被错分。为此,引入以下目标函数:

$$\Psi(w, \xi) = \frac{1}{2} w^T w + C \sum_{i=1}^{n} \xi_i$$

其中 C 是一个大于零的常数,称为可调参数,此时 SVM 仍可以通过二次规划(对偶规划)来实现:

$$\begin{cases} \max \sum_{i=1}^{n} \alpha_i - \frac{1}{2} \sum_{i=1}^{n} \sum_{j=1}^{n} \alpha_i \alpha_j y_i y_j (x_i^T x_j) \\ s.t \quad 0 \leqslant \alpha_i \leqslant C, \ i = 1, \cdots, n \\ \sum_{i=1}^{n} \alpha_i y_i = 0 \end{cases}$$

A.7 支持向量回归算法

A.7.1 ε 不敏感损失函数

进行建模的训练样本数据中,必然携带有误差,只是其大小不同而已。在回归建模过程中,许多传统的化学计量学算法往往将有限样本数据中的误差也拟合进数学模型。这是以往回归方法的一个缺点也是一个难点。SVR 算法(图 A.4)的基础主要是 ε 不敏感函数(ε-insensitive function)和核函数算法。若将拟合的数学模型表达为多维空间的某一曲线,则根据 ε 不敏感函数所得的结果就是包络该曲线和训练点的"ε 管道"。在所有样本点中,只有分布在"管壁"上的那一部分样本决定管道的位置。这一部分训练样本称为"支持向量"。为适应训练样本集的非线性,传统的拟合方法通常是在线性方程后面加上高阶项。此法诚然有效,但由此增加的可调参数未免增加了过拟合的风险。SVR 采用核函数解决这一矛盾。用核函数代替线性方程中的线性项可以使原来的线性算法"非线性化",即能作非线性回归。与此同时,引进核函数达到了"升维"的目的,而增加的可调参数却很少,于是过拟合仍能控制。

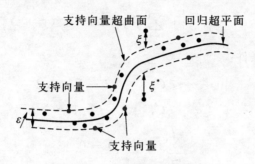

图 A. 4　支持向量回归示意图

ε不敏感函数可以表示如下:

$$|\boldsymbol{\xi}|_{\varepsilon} = \begin{cases} 0 & 若 |\boldsymbol{\xi}| < \varepsilon \\ |\boldsymbol{\xi}| - \varepsilon & 其他 \end{cases}$$

A. 7. 2　线性回归情形

设样本集为$(y_1, x_1), \cdots, (y_l, x_l)$, $\boldsymbol{x} \in \mathbf{R}^l$, $\boldsymbol{y} \in \mathbf{R}^l$,回归函数用下列线性方程来表示:

$$f(\boldsymbol{x}) = \boldsymbol{w}^{\mathrm{T}} \boldsymbol{x} + \boldsymbol{b}$$

最佳回归函数通过求下列函数的最小极值得出:

$$\Phi = (\boldsymbol{w}, \boldsymbol{\xi}^*, \boldsymbol{\xi}) = \frac{1}{2} \| \boldsymbol{w} \|^2 + C \left(\sum_{i=1}^{l} \xi_i + \sum_{i=1}^{l} \xi_i^* \right)$$

其中C是设定的可调参数值,$\boldsymbol{\xi}, \boldsymbol{\xi}^*$为松弛变量的上限与下限。
Vapnik 提出运用下列不敏感损耗函数:

$$L_e(\boldsymbol{y}) = \begin{cases} 0 & 对于 \quad |f(\boldsymbol{x}) - \boldsymbol{y}| < \varepsilon \\ |f(\boldsymbol{x}) - \boldsymbol{y}| - \varepsilon & 其他 \end{cases}$$

通过下面的优化方程：

$$\max_{\alpha,\ \alpha^*} W(\alpha,\ \alpha^*) = \max_{\alpha,\ \alpha^*} \left\{ \begin{array}{l} -\dfrac{1}{2} \sum\limits_{i=1}^{l} \sum\limits_{j=1}^{l} (\alpha_i - \alpha_i^*)(\alpha_j - \alpha_j^*)(\boldsymbol{x}_i^{\mathrm{T}} \boldsymbol{x}_j) \\ + \sum\limits_{i=1}^{l} \alpha_i(\boldsymbol{y}_i - \varepsilon) - \alpha_i^*(\boldsymbol{y}_i + \varepsilon) \end{array} \right\}$$

在下列约束条件：

$$0 \leqslant \alpha_i \leqslant C, \qquad i = 1, \cdots, l$$

$$0 \leqslant \alpha_i^* \leqslant C, \qquad i = 1, \cdots, l$$

$$\sum_{i=1}^{l} (\alpha_i - \alpha_i^*) = 0$$

下求解：

$$\overline{\alpha},\ \overline{\alpha}^* = \arg\min \left\{ \begin{array}{l} \dfrac{1}{2} \sum\limits_{i=1}^{l} \sum\limits_{j=1}^{l} (\alpha_i - \alpha_i^*)(\alpha_j - \alpha_j^*)(\boldsymbol{x}_i^{\mathrm{T}} \boldsymbol{x}_j) \\ - \sum\limits_{i}^{l} (\alpha_i - \alpha_i^*) \boldsymbol{y}_i + \sum\limits_{i}^{l} (\alpha_i + \alpha_i^*) \varepsilon \end{array} \right\}$$

由此可得拉格朗日方程的待定系数 α_i 和 α_i^*，从而得回归系数和常数项：

$$\overline{\boldsymbol{w}} = \sum_{i=1}^{l} (\alpha_i - \alpha_i^*) \boldsymbol{x}_i$$

$$\overline{\boldsymbol{b}} = -\frac{1}{2} \overline{\boldsymbol{w}} [\boldsymbol{x}_r + \boldsymbol{x}_s]$$

A.7.3　非线性回归情形

　　类似于分类问题，一个非线性模型通常需要足够的模型数据，与非线性 SVC 方法相同，一个非线性映射可将数据映射到高维的特征空间中，在其中就可以进行线性回归。运用核函数可以避免模式升维可能产生的"维数灾难"，即通过运用一个非敏感性损耗函数，非线性 SVR 的解即可通过下面方程求出：

$$\max_{\alpha,\,\alpha^*}W(\alpha,\,\alpha^*)=\max_{\alpha,\,\alpha^*}\left\{\begin{array}{l}\displaystyle\sum_{i=1}^{l}\alpha_i^*\,(y_i-\varepsilon)-\alpha_i(y_i+\varepsilon)\\[2mm]\displaystyle-\frac{1}{2}\sum_{i=1}^{l}\sum_{j=1}^{l}(\alpha_i^*-\alpha_i)(\alpha_j^*-\alpha_j)K(x_i,\,x_j)\end{array}\right\}$$

其约束条件为

$$0\leqslant\alpha_i\leqslant C,\qquad i=1,\cdots,l$$
$$0\leqslant\alpha_i^*\leqslant C,\qquad i=1,\cdots,l$$
$$\sum_{i=1}^{l}(\alpha_i^*-\alpha_i)=0$$

由此可得拉格朗日待定系数 α_i 和 α_i^*，回归函数 $f(x)$ 则为

$$f(x)=\sum_{SVs}(\overline{\alpha_i}-\overline{\alpha_i^*})K(x_i,\,x)$$

从以上方程的形式上可以看出，数学上它还是一个解决二次规划的问题。只不过，较分类时更复杂，变量更多，运算量也更大而已。

攻读博士学位期间
公开发表的论文

［1］ Xinhua Bao，Nianyi Chen，Wencong Lu，et al. Phase Diagram of CsBr－CaBr$_2$ System. Rare Metals. (accepted)

［2］ 罗芸芸,包新华,陆文聪,等.白钨矿结构物相含稀土异价固溶体的形成规律.中国稀土学报,2005.(已录用)

［3］ Bao Xin-Hua, Lu Wen-Cong, Liu Liang, et al. Hyperpolyhedron model applied to molecular screening of guanidines as Na/H exchange inhibitors. Acta Pharm. Sinica，2003,24(5)：472.

［4］ 陆文聪,刘亮,包新华,等.钙钛矿及类钙钛矿结构物相的若干规律性第三部分:钾冰晶石型化合物的结晶化学规律.盐湖研究 2003,11(1).

［5］ 陈念贻,阎立诚,陆文聪,包新华,等.熔盐相图智能数据库研究.盐湖研究 2003,11(1).

［6］ 包新华,陆文聪,陈念贻.支持向量机算法在熔盐相图数据库智能化中的应用.计算机与应用化学,2002,19(6):723.

［7］ 包新华,潘庆谊,陈念贻.氧化铟半导体薄膜厚度控制的支持向量回归模型.计算机与应用化学,2002,19(6).

［8］ 陈念贻,陆文聪,包新华,等.熔盐相图的计算机预报和熔盐相图智能数据库研究.中国稀土学报,2002,20:170.

［9］ 陆文聪,包新华,吴兰,等.二元溴化物系(MBr－M'Br$_2$)中间化合物形成规律的逐级投影法研究.计算机与应用化学 2002,19(4).

［10］ 刘亮,包新华,冯建星,等.α-唑基-α-芳氧烷基频哪酮(芳乙

酮）及其醇式衍生物抗真菌活性的分子筛选. 计算机与应用化学 2002,19(4).

[11] Bao Xinhua, Chen Nianyi, Lu Wencong, et al. Some Regularities of Formation of Continuous Solid Solutions from Molten Halide Melt Mixtures//Proceedings of 6th International Symposium on Molten Salt Chemistry and Technology. Shanghai: Shanghai University Press, 2001.

[12] Liu Liang, Bao Xinhua, Lu Wencong, et al. On Formation Condition for Amorphous Phase of Ternary Fluorides by OMR method//Proceedings of 6th International Symposium on Molten Salt Chemistry and Technology. Shanghai: Shanghai University Press, 2001.

[13] Chen Nianyi, Yan Licheng, Lu Wencong, Bao Xinhua, et al. Computerized Prediction of Thermodynamic Properties and Intelligent Data Base for Phase Diagrams of Molten Salt Systems//Proceedings of 6th International Symposium on Molten Salt Chemistry and Technology. Shanghai: Shanghai University Press, 2001.

[14] 包新华,吴兰,陆文聪,等. 二元溴化物系中间化合物的形成规律. 应用科学学报,2001,19(2).

[15] Xinhua Bao, Nianyi Chen, Wencong Lu, et al. Phase Diagram of CsBr - CaBr$_2$ System//Proceedings of First Asian and Ninth China-Japan Bilateral Conference on Molten Salt Chemistry and Technology. Wuhu,China,May 2005:104

[16] Nianyi Chen, Yimin Ding, Xinhua Bao. SVM Applied to Phase Diagram Prediction for Molten Salt Systems//Proceedings of First Asian and Ninth China-Japan Bilateral Conference on Molten Salt Chemistry and Technology. Wuhu,China,May 2005:8

[17] 包新华,陆文聪,陈念贻. 熔盐相图智能数据库的研究和若干应用. 中国化学会第 24 届学术年会,2004.

[18] 陈念贻,包新华,丁益民,等. 离子化合物固溶体的晶格动态缝隙模型. 中国化学会第 24 届学术年会,2004.

[19] 陈念贻,陆文聪,包新华,等. 层状类钙钛矿型晶格结构的数学模型. 中国化学会第 24 届学术年会,2004.

[20] 陆文聪,刘亮,包新华,等. 佳投影回归法用于胍类化合物 Na/H 交换抑制活性的 QSAR 研究. 中国化学会第 24 届学术年会,2004.

[21] 包新华,陆文聪,陈念贻. 熔盐相图中固溶体形成规律的研究. 第一部分:熔盐相图中形成连续固溶体的规律. 第 11 届全国相图会议,2002.8

[22] 陆文聪,包新华,陈念贻. 钙钛矿结构的复卤化物的若干规律性. 第 11 届全国相图会议,2002.8

[23] 陈念贻,陆文聪,包新华,等. 钙钛矿及类钙钛矿结构物相的若干规律性——第二部分:含钙钛矿结构层的夹层化合物的规律. 第 11 届全国相图会议. 2002.8

[24] 陆文聪,刘亮,包新华,等. 钙钛矿及类钙钛矿结构物相的若干规律性——第三部分:钾冰晶石型化合物的结晶化学规律. 第 11 届全国相图会议,2002.8

[25] 包新华,陆文聪,刘亮,等. 钙钛矿及类钙钛矿结构物相的若干规律性,第四部分:钙钛矿结构的合金中间相的若干规律. 第十一届全国相图学术会议. 2002.8

[26] 包新华,潘庆谊,陈念贻. 氧化铟半导体薄膜厚度控制的支持向量机模型. 中国化学会 2002 年学术会议. 2002.11

[27] 包新华,陆文聪,陈念贻. 支持向量机算法在熔盐相图数据库智能化中的若干应用. 中国化学会 2002 年学术会议. 2002.11

个 人 简 历

2001 年 9 月～至今	上海大学材料科学与工程学院(在职)博士生
1994 年 5 月～至今	上海大学理学院化学系讲师、副教授
1998 年 9 月～2001 年 2 月	上海大学理学院化学系(在职)硕士生
1982 年 7 月～1994 年 5 月	上海科技大学化学系助教、讲师
1978 年 10 月～1982 年 7 月	上海科技大学化学系本科生

致　　谢

本论文工作是在导师夏义本教授的悉心指导下完成的。夏先生治学严谨，思维活跃，锐意创新，在材料设计和制备等研究领域有很高的造诣。夏先生分析问题的方法，宏观处理问题的思想以及教书育人的精神，将会使作者受益终身。

论文得到了陈念贻教授的精心指点和热情帮助。老先生渊博的学识、严谨的治学态度、精益求精的工作作风无不感染和激励着我，使我终身受益。在此向陈先生表示最真诚的谢意！

本论文还得到了陆文聪教授的帮助和指点，在此向陆老师表示衷心的感谢！

此外，感谢程知萱老师、潘庆谊老师为论文工作提供的帮助。

感谢我的学生罗芸芸、陆维盈。感谢实验室丁益民、刘亮、刘旭、张良苗老师提供的帮助和支持。

感谢我的妻子居丽敏对我学业的支持及所付出的辛劳和期待。

感谢我的父亲母亲，无论何时何地，他们都用无私的爱支持着我。